U0396127

国家出版基金项目
NATIONAL PUBLICATION FOUNDATION

中国文化遗产丛书
（第二辑）

关晓武◎主编

马头琴制作
技艺研究与传承

MATOUQIN ZHIZUO
JIYI YANJIU YU CHUANCHEN

赛吉拉胡　　著

时代出版传媒股份有限公司
安徽科学技术出版社

图书在版编目(CIP)数据

马头琴制作技艺研究与传承 / 赛吉拉胡著.--合肥：
安徽科学技术出版社,2023.3
（中国文化遗产丛书.第二辑）
ISBN 978-7-5337-6145-5

Ⅰ.①马…　Ⅱ.①赛…　Ⅲ.①马头琴-乐器制造-研
究-内蒙古　Ⅳ.①TS953.23

中国版本图书馆 CIP 数据核字(2022)第 119776 号

马头琴制作技艺研究与传承　　　　　　　　　　　　　赛吉拉胡　著

出 版 人：丁凌云　　选题策划：余登兵　陶善勇　　策划编辑：王爱菊
责任编辑：陈芳芳　　责任校对：李　茜　　　　　　责任印制：廖小青
装帧设计：武　迪
出版发行：安徽科学技术出版社　　　　http://www.ahstp.net
　　　　　（合肥市政务文化新区翡翠路 1118 号出版传媒广场,邮编:230071）
　　　　　电话：(0551)63533330
印　　制：安徽新华印刷股份有限公司　　电话:(0551)65859178
（如发现印装质量问题,影响阅读,请与印刷厂商联系调换）

开本：720×1010　1/16　　印张：15.75　　　　字数：240 千
版次：2023 年 3 月第 1 版　　印次：2023 年 3 月第 1 次印刷

ISBN 978-7-5337-6145-5　　　　　　　　　　　定价：96.00 元

丛书编委会

主　　编　关晓武

编　　委（按姓氏音序排列）

冯立昇　　关晓武　郭世荣

李　兵　　李劲松　芦　苇

吕厚均　　任玉凤　容志毅

赛吉拉胡　孙　烈　万辅彬

王丽华　　王文超　韦丹芳

严俊华　　俞文光　翟源静

张柏春　　赵翰生　周文丽

　　中国传统技艺源远流长,成就辉煌,它们和民众的衣食住行、民俗民风紧密相关,对承续国家文化命脉和维系民族精神特质有着重要的作用。在现代化水平日益提升的今天,传统手工艺品仍在广泛使用,凸显出其现代价值。

　　随着现代工业化的推进和经济的转型,众多珍贵的技艺因人们缺乏保护意识而陷于濒危状态,有的甚至面临失传,保护传统技艺、探索传统技艺传承发展机制是迫切的社会需求。

　　早在20世纪80年代,我和谭德睿、祝大震等就一再呼吁要抢救并保护中国传统工艺,我们在一起承担了国家科学技术委员会和国家文物局的一项软科学课题,制定了《中国传统工艺保护开发实施方案》,并在1995年发起成立中国传统工艺研究会,联合专家、学者,在国家尚未立法启动保护传统工艺之前,先行将既有的研究成果撰述成帙,以备日后之用。据此,我们提出编撰《中国传统工艺全集》的构想。这个构想得到时任中国科学院院长路甬祥院士和大象出版社周常林社长的大力支持,并得以在1996年率先启动。1999年,《中国传统工艺全集》被列为中国科学院重大项目和国家新闻出版总署的重点书目,路甬祥院士亲任主编。到2016年,《中国传统工艺全集》这套丛书编撰出版共计20卷20册,由300多位专家、手工艺人站在当代科学技术的高度,通过翔实细致的实地考察、常年的学术积累,以现代科技手段对实物和工艺流程做了分析论证,在此基础上潜心研讨,编集成帙。《中国传统工艺全集》记载了近 600 种工艺,涵盖传统工艺的全部 14 个大类,堪称国家科学文化事业的一项基础性建设。

2003 年,中国政府启动了非物质文化遗产保护工程,非遗保护工作在全国展开,迄今已有 1557 个非遗项目被列入国家级非物质文化遗产保护名录,共计 3610 个子项。其中,传统技艺有 287 项,计 629 个子项。2015 年,党的十八届五中全会通过的《中共中央关于制定国民经济和社会发展第十三个五年规划的建议》中明确提出,"构建中华优秀传统文化传承体系,加强文化遗产保护,振兴传统工艺,实施中华典籍整理工程",这是传统工艺传承发展指导思想和理念的重大提升和转变。2017 年 3 月,为贯彻中央决策,文化部、工业和信息化部、财政部共同印发了《中国传统工艺振兴计划》,从国家战略的高度,擘画了传统工艺振兴的蓝图;2020 年,《中华人民共和国国民经济与社会发展第十四个五年规划纲要》提出"加强各民族优秀传统手工艺保护与传承"。《中国传统工艺全集》响应了社会各界了解传统工艺内涵和价值的迫切需求,为有关工艺申报名录提供了科学依据,对传统工艺的传承、振兴和学科发展起到了重要作用。

传统手工技艺具有鲜明的地方性、民族性特点,其内容的丰富多样超出想象,风俗、人文、材料、资源、技术环境和习俗传统的不同,都会极大地影响传统工艺的生态。西藏、云南、广西、贵州、新疆、内蒙古、安徽、北京、浙江等地,保存有多种璀璨的富有民族地域特色的珍贵工艺。现在,虽然学术界从学科、行业等不同角度开展了多种传统工艺研究,并取得了丰硕的成果,但地域性和专题性传统技艺的调查研究还相对较少。

有鉴于此,中国科学院自然科学史研究所和安徽科学技术出版社自 2010 年起共同组织编撰出版《中国文化遗产丛书》,邀请国内几十位专家学者参加编写。《中国文化遗产丛书》旨在促进地域性和专题性的传统工艺调查研究,阐释其多元属性和价值内涵。第一辑已于 2017 年出版,包含《内蒙古传统技艺研究与传承》、《广西传统技艺研究与传承》《黔桂衣食传统技艺研究与传承》《新疆坎儿井传统技艺研究与传承》《云南大理白族传统技艺研究与传承》和《中国四大回音古建筑声学技艺研究与传承》6个分册，取得了良好的社会反响，并于2019年荣获"第七届中华优秀出版物奖"提名奖。第二辑在此基础上拓展了4个有代表性的传统技艺项目，编写成《北京传统油漆彩绘技艺研究与传承》《马头琴制作技艺研究与传承》《潞绸技术工艺研究与传承》和《北方传统制车技艺研究与传承》4个分册，在地域性、专题性传统技艺的调查研究方面取得了新的进展。

王文超著的《北京传统油漆彩绘技艺研究与传承》，基于历史档案、地方志、民俗志、科技史著作与实地调查获得的第一手资料，以北京市园林古建工程有限公司油漆彩绘队工匠与工程为个案，从宫廷传统、民间组织、行业信仰与技术、工具和图像的传承等方面，开展北京油漆彩绘技艺和行业文化研究，探讨北京传统油漆彩绘的装饰绘图所呈现的传统文化观念和民俗文化观念，揭示了我国传统油漆彩绘行业民俗传承方式及其知识系统的整体性特征和行业民俗文化特色。

赛吉拉胡著的《马头琴制作技艺研究与传承》，基于文献资料、实地调查和对马头琴实物的研究，梳理了马头琴的起源与演变过程，阐述了传统马头琴和现代马头琴的制作技艺，从形制结构、尺寸比例、材料和制作工艺等方面比较研究我国内蒙古和蒙古国马头琴制作技艺的异同，进而分析国内马头琴制作技艺及相关文化的保护和传承问题，并提出相关建议。

芦苇著的《潞绸技术工艺研究与传承》，运用文献史料与实地调研相结合的方法，从潞绸产生的历史文化背景入手，系统分析了传统潞绸的织绣染技艺，从技术与社会的视角分析这一技艺所折射的文化内涵，并从产业和区域发展的角度分析潞绸技艺的现状，为其传承与创新发展提供了可借鉴的路径。

李兵著的《北方传统制车技艺研究与传承》，结合近现代方志等文献资料和实地调查，梳理中国古代制车技术的发展脉络，从技艺传承、制作材料、工具、工艺流程等方面阐述陕西、河南、内蒙古等地的传统制车技艺,进而探讨传统车辆现代变迁的原因,可为传统技艺研究提供重要实例。

十年磨一剑。经过十多年的努力,《中国文化遗产丛书》第一辑、第二辑得以相继出版发行,从新的视角审视和研究专题性传统技艺及其文化,采用新的技术手段阐释和揭示它们的技术内涵与机理,从更多角度反映中华民族丰富多彩的传统技艺。期望这套丛书有助于进一步推动地域性和专题性传统技艺的调查研究,为中国传统工艺的保护、价值提升和相关知识的传播做出更大的贡献。

是为序。

中国科学院自然科学史研究所研究员
中国科学技术史学会传统工艺研究会原会长　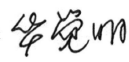
《中国传统工艺全集》常务副主编

序
二

中国是传统技艺大国。当今，中国传统手工艺具有以下两个特点：其一，许多传统手工艺产品依然在被广泛使用，且深受民众喜爱，显现出其重要的价值；其二，身怀绝技的老匠师寥寥无几，许多传统技艺濒于失传，保护工作亟待加强。传承、保护乃至振兴传统技艺具有十分重要的现实意义。

传统工艺源远流长，但被视作非物质文化遗产并加以保护的时间并不算长。20 世纪 50 年代，日本开始实施保护国粹计划，颁布《文化财保护法》，将戏曲、音乐、传统工艺及其他无形文化资产中历史价值较高者列为"无形文化财"，和有形文物一起列入文化遗产保护范围。1982 年，联合国教科文组织世界遗产委员会在墨西哥召开世界文化政策大会，首次使用"非物质遗产"概念。2003 年 10 月，联合国教科文组织通过《保护非物质文化遗产公约》，其中界定的"非物质文化遗产"包括传统手工艺。

华觉明等老一辈学者很早就注意到日本政府的文化遗产保护计划和措施，认为日本保护"无形文化财"的经验值得我国借鉴。1986 年，华觉明、谭德睿等相关领域专家，提出了"抢救祖国传统工艺刻不容缓——中国传统工艺调查研究和保护立法的倡议"，呼吁抢救传统工艺。1987 年，华觉明与其他学者一起承担了国家科学技术委员会和国家文物局的一项软科学课题,制定了《中国传统工艺保护开发实施方案》,论证传统工艺的重要性,说明抢救保护工作的紧迫性,阐述日本的经验及其借鉴价值,提出了传统工艺保护开发的实施步骤和措施。1995 年,华觉明、谭德睿和祝大震等发起成立中国传统工艺研究会,策划开展中国传统工艺调查研究。1996 年,中国科学院自然科学史研究所牵头组织编撰《中国传统工艺全集》,后被列入中国科学院"九五"重大科研项目,由时任中国科学院院长路甬祥院士任主编,华觉明、谭德睿任常务副主编。2002 年编写完成《中国传统工艺全集》第一辑 14 卷 13 册,2004 年起陆续出版。2006 年首批出版发行的 7 卷获得中国出版协会评选的中华优秀出版物奖图书奖。2008 年第二辑启动,包括 6 卷 7 册,至 2016 年相继出版发行。《中国传统工艺全集》汇集了 300 多位专家、学者和手工艺人 20 多年的研究成果,记录 14 个大类近 600 种工艺,再现了诸多重要传统工艺,对一些濒临灭绝的工艺做了复原研究,详细程度和准确性远胜典籍,堪称《考工记》和《天工开物》的补编和续编。

21 世纪初,我国政府启动了非物质文化遗产保护工程。2004 年,中国批准了联合国教科文组织的《保护非物质文化遗产公约》。截至 2021 年 6 月,国务院已经批准公布五批国家级非遗代表性项目名录,传统技艺是其中一个大类。《中国传统工艺全集》的出版对推动传统工艺的学科发展发挥着重要作用,为国家保护和振兴传统工艺提供了科学依据。2015 年,党的十八届五中全会提出"构建中华优秀传统文化传承体系,加强文化遗产保护,振兴传统工艺",《中华人民共和国国民经济和社会发展第十三个五年规划纲要》提出"制订实施中国传统工艺振兴计划";2017 年,文化部、工业和信息化部、财政部共同印发《中国传统工艺振兴计划》;2020 年,《中华人民共和国国民经济与社会发展第十四个五年规划纲要》提出"加强各民族优秀传统手工艺保护与传承"。这些重大部署,彰显了国家对传统工艺振兴的重视。

近年来,在我国不少地方,仍赋存多种多样的传统技艺,而学界对地域性和专题性传统技艺的调查研究还相对薄弱,有待加强和深化。为此,2010 年以来,中国科学院自然科学史研究所与安徽科学技术出版社共同策划,并组织国内几十位专家、学者,大力开展地域性和专题性传统技艺的调查研究,编撰出版《中国文化遗产丛书》,以阐释地域性和专题性传统技艺的多样性特点,探讨风俗、人文、材料、资源、技术环境和习俗传统等关键因素对传统技艺发展演变的影响,呈现其丰富的文化内涵,展现中国文化遗产的多元属性和多重价值。

中国科学院自然科学史研究所是国际公认的中国科技史研究中心,在《中国文化遗产丛书》编撰工作中发挥了建制化优势,确保了编撰质量。参加编写的主要人员兼具理工科和人文学科的综合基础,有扎实的理论功底和较强研究能力,掌握了大量历史文献和相应地区传统手工技艺的线索,并对有关项目做过很多调查,有丰厚的学术积累,对于横向、纵向分析比较的研究方法有较为熟练的把握。2017 年第一辑 6 卷出版后,获得了较好的社会反响。《中国文化遗产丛书》第二辑主要包括《北京传统油漆彩绘技艺研究与传承》《马头琴制作技艺研究与传承》《潞绸技术工艺研究与传承》和《北方传统制车技艺研究与传承》4 个分册,著作者基于文献资料与实地调查成果,分别开展了北京传统油漆彩绘技艺、马头琴制作技艺、潞绸技术工艺和北方传统制车技艺的技术、文化及保护和传承等问题的研究,扩展了调查研究的范围和内容,取得了新的进展。

《中国文化遗产丛书》注重从多方面收集资料,讲究精选图片,不仅展现了技艺,而且表现了时代风貌和人物形象。同时,《中国文化遗产丛书》各卷还注重反映相应传统技艺项目的技术和社会人文内涵,包括行业规矩、组成、习俗、谚语、人物、代表作、历史沿革、现状和人文景观等,采用跨学科、综合性的方法对所选择的传统技艺项目做多元化、多角度、图文并茂的著录,具有科学性、学术性、文献性和可观赏性。

　　《中国文化遗产丛书》的出版,有助于促进地域性和专题性传统工艺的调查和综合研究, 有助于推动多学科方法和现代科技手段在传统技艺研究领域的应用,对增强全社会的文化遗产保护意识、传承意识, 对展示中华优秀传统文化和促进中外文化交流都具有重要的价值。

清华大学科技史暨古文献研究所所长、教授
中国科学技术史学会传统工艺研究会会长　冯立昇

马头琴,蒙古语为"ᠮᠣᠷᠢᠨ ᠬᠤᠭᠤᠷ[mɔrin xuːr]",是蒙古族代表性的拉弦乐器之一。除了内蒙古外,马头琴(或"马头琴类乐器")还流行于我国新疆、青海、甘肃、黑龙江、吉林、辽宁、河北,以及蒙古国和俄罗斯布里亚特共和国、图瓦共和国等蒙古族聚居地。不同国家和地区的马头琴,在形制结构、尺寸比例、用料、制作技艺等方面也有所区别。

马头琴音乐和马头琴制作技艺均为我国"国家级非物质文化遗产代表性项目(第一批和第三批)"。文化和旅游部、工业和信息化部于2018年联合发布的"第一批国家传统工艺振兴目录"里也列有包括马头琴制作技艺在内的蒙古族拉弦乐器制作技艺。这表明国家很重视马头琴制作技艺的保护、传承和振兴问题。

本书以马头琴制作技艺及其保护和传承问题为研究对象,通过文献梳理、实物观摩、技艺复原和现存技艺的调查研究等方式力争厘清马头琴制作技艺的发展脉络,同时对不同的制琴人和不同地域的马头琴制作技艺进行了比较研究,在此基础上探讨了马头琴制作技艺的保护和传承问题。在具体的研究过程中,本书结合运用了科技史、文献学、人类学、民族学、民俗学、乐器学等多学科的研究方法。

本书的文献史料搜集整理工作可分为两个部分,首先是国内文献史料(蒙文、汉文)的搜集整理,其次是国外文献史料的搜集整理。在搜集国外文献史料时,笔者于2017年10月20日至11月8日赴蒙古国,先后前往蒙古国国家图书馆、国立大学图书馆、文化艺术大学图书馆等图书馆及几家书店,搜集了较多的相关文献资料;又委托在日本的专家学者和亲朋好友从日本一些图书馆搜集了部分文献史料和前人的研究成果等。这些文献资料为马头琴制作技艺发展历程的研究提供了较为充足的史料基础。

在很多文献史料中均有一些马头琴(或"马头琴类乐器")形制结构、尺寸比例、用料等的零散记载,但对于"马头琴类乐器"制作技艺,很多文献史料却都"避而不谈"。加上"ᠮᠣᠷᠢᠨ ᠬᠤᠭᠤᠷ"和"马头琴"等名词以文字形式出现得较晚,所以有关马头琴制作技艺的传记史料更是少之又少。为了弥补这一缺陷,笔者先后做了三次田野调查工作,在广泛搜集并记录现存马头琴制作技艺和实物资料的同时,以口述史访谈形式采访了多位马头琴制作人和相关领域的老一辈艺术家,记录了他们关于马头琴制作和使用的经验知识。3次田野调查分别为:(1)国内现代木面马头琴及其制作技艺调查;(2)国内传统皮面马头琴及其制作技艺调查;(3)蒙古国马头琴及其制作技艺调查。在国内马头琴制作技艺调查中,笔者先后去了内蒙古自治区呼和浩特市、兴安盟、锡林郭勒盟、巴彦淖尔市、阿拉善盟,此外还去了吉林省前郭尔罗斯蒙古族自治县、黑龙江省杜尔伯特蒙古族自治县等地,先后采访了15位马头琴制作人和4位老一辈的艺术家,较为系统地记录了蒙古族拉弦乐器制作技艺国家级代表性传承人哈达的现代木面马头琴制作技艺和青年马头琴制作人却云敦的"清代马头琴"仿制过程。在蒙古国马头琴及其制作技艺调查中,笔者重点调查了蒙古国马头琴制作现状以及蒙古国著名马头琴制作人白嘎力扎布等4位马头琴制作人的制作技艺。

基于这些田野调查资料,笔者对不同制琴人的制作技艺也进行了比较研究。对马头琴制作技艺的多样性进行研究也是为更好、更全面地保护和更有效地传承这门技艺提供理论参考。

在三次田野调查工作中,笔者还去了吉林省前郭尔罗斯王府中国马头琴之乡陈列馆、黑龙江省杜尔伯特博物馆和内蒙古兴安盟科尔沁右翼前旗博物馆、内蒙古民族解放纪念馆、兴安博物馆、科尔沁右翼中旗博物馆、阿拉善博物馆、乌审旗博物馆（又叫中国马头琴博物馆）、锡林郭勒盟博物馆、西乌珠穆沁旗文体局文物所展览室、西乌珠穆沁旗男儿三艺博物馆、赤峰博物馆、中国清代蒙古王府博物馆、巴林右旗民俗博物馆，以及蒙古国国家博物馆、蒙古国成吉思汗博物馆、蒙古国国家历史博物馆、蒙古国恰特博物馆、蒙古国形象艺术博物馆等19家博物馆（包括陈列馆、纪念馆、展览室），拍摄、记录了大量的传统马头琴实物及相关信息。

通过田野调查所获得的大量的第一手资料对于马头琴制作技艺的保存和多样性的保护，以及马头琴制作技艺的传承等工作来说都具有很重要的价值。本书在整理和研究马头琴制作技艺及其发展历程的基础上，又总结回顾了国内马头琴制作技艺及相关文化的保护和传承工作，并给以后的工作提出了建议。这项研究也能为我国少数民族非物质文化遗产保护和传承研究提供参考。

笔者在拙文《国内马头琴制作技艺调查研究概述》中曾梳理过国内马头琴制作技艺调查研究概况，并总结出以往调查、研究中存在的三个问题。虽然起步较晚，但以往的国内马头琴制作技艺调查研究也取得了一些引人注目的成就。这些调查研究不但为马头琴制作技艺的研究奠定了基础，同时也对马头琴制作技艺的保存、保护和普及、传承等都起到了重要的作用。但一直以来，马头琴制作技艺的调查、记录和理论研究都比较零散。虽然自21世纪初，有学者和相关专业人士从技术史的角度对马头琴制作技艺进行了较为系统的调查记录和专题研究，但遗憾的是，至今仍无一本研究马头琴制作技艺及其演变历程的学术专著。所以，此项工作也具有拓展和深化马头琴制作技艺及蒙古族传统工艺、技术史研究的理论意义。

书中专设一章对我国内蒙古和蒙古国马头琴制作技艺做了比较研究。研究发现，要全面深入地比较我国内蒙古和蒙古国马头琴制作技艺，不仅需要充实的田野调查资料，也需要充分参考蒙古国相关研究成果。限于目前所获信息，书中未能做到全面、深度比较，但相信这一简单比较对蒙古国木面马头琴制作的基本了解及后续研究等也会有一定的参考价值。这种跨境比较研究,对于马头琴制作技艺多样性的保护和中、蒙及"一带一路"沿线国家的科技传播、交流史研究等也具有一定的参考价值和现实意义。

　　本书虽然以马头琴制作技艺的调查研究为主,但由于笔者所学专业和时间限制等原因,技术原理的学理分析还是不够,因此呈现出资料性较强的特点。不过,在目前缺少有关马头琴制作技艺传记史料的情况下,相信这项工作对于后续研究也具有不可替代的学术价值。书中附了传统马头琴实物及和马头琴制作有关的大量图片和口述史访谈资料,因此本书不仅适合研究传统工艺的专业人士阅读,也适合希望多了解蒙古族传统文化的人士阅读。

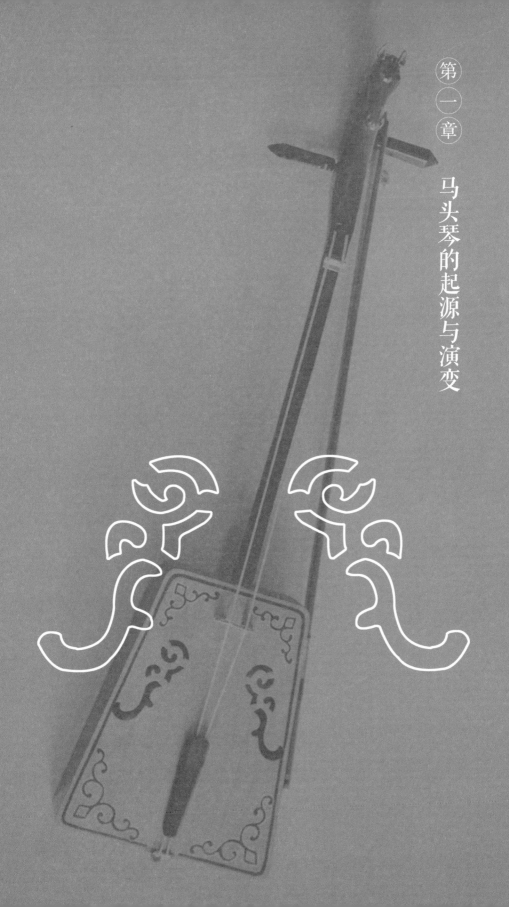

第一章　马头琴的起源与演变

第一节
马头琴的起源

马头琴的起源问题一直是学界比较关注的话题之一。关于这一问题大概有两种解释：其一是有关马头琴起源的神话和传说，代表民间解释；其二是专家、学者和一些专业人士的推测。

一、有关马头琴起源的神话和传说

有关马头琴起源的神话和传说较多。其中具有代表性的有《苏和的白马》《呼和那木吉拉的传说》《星星王子和牧羊姑娘的传说》等。

北京大学陈岗龙教授在《蒙古民间文学比较研究》一书中"按照内容"把有关马头琴起源的神话和传说分为4种类型，一是"苏和的白马"型，二是"爱情型"，三是"神魔共创型"，四是"马头明王型"。据陈岗龙教授介绍，日本学者藤井麻湖曾把一类和二类合为"なぜ"型（意为"为何创造马头琴"），把三类称作"どのよう"型（意为"怎样创造马头琴"）[1]54-55。笔者觉得按"制琴者"可以把这四类神话、传说归为两大类，即"神（魔）制造乐器型"和"人制造乐器型"。按这种分类，上面的第三类属于"神（魔）制造乐器型"，另外三类就属于"人制造乐器型"。

下面我们先看一下"神（魔）制造乐器型"的神话和传说。这类神话和传说也有不同变体，其内容梗概如下：

创造神或恶魔创造了马头琴，但是音色总是调不好，于是求教于对方。对方传授了移动琴码或涂抹松香来调音色的方法，于是做成了完整的马头琴。创造神以自己的名义把马头琴送给了人类。

陈岗龙教授认为，"这个类型严格说，应该属于神话范畴"。按藤井麻湖的分类，这则神话属于"怎样创造马头琴"的类型。据笔者了解，这一类型的神话在马头琴起源神话里为数不多。这与一般文献史料对马头琴的制作"避而不谈"不谋而合。

有意思的是,这里"创造神"和"恶魔"必须合作才能制作出完整的马头琴。这里的制作者——"神"或"魔"虽然都不是凡人,但还是缺少"调音"知识,必须与对方合作才能完成一把琴的制作。这其实在某种程度上反映了当时人们已经意识到,乐器制作还需要声学理论知识的支持。

按陈岗龙教授的分类,《星星王子和牧羊姑娘的传说》属于"爱情型"。在这类传说中,星星王子正为死去的神马而难过时出现了奇迹:死去的神马变成了马头琴。后来人们模仿星星王子的马头琴制作了乐器[2]。内蒙古大学特古斯巴雅尔教授认为,早在1600多年前游牧民族就有类似的神话[3]。在《星星王子和牧羊姑娘的传说》中,不是星星王子创造马头琴,也不是"人们"制造第一把马头琴,而是死去的神马(长有翅膀)自己变成了第一把马头琴。所以按笔者的分类,这类传说也是"神(魔)制造乐器型"传说。

按笔者的分类,陈岗龙教授所说的"马头明王"型属于"人制造乐器型",这类传说回答的是"为何创造马头琴"的问题。其内容大致如下:

在古印度,有一年佛教诸神论经比高低时,有一位神因为唱歌动听而获得了比赛第一名。后来,众神看到他的头上长着一颗绿色的马头,全部的奥秘就在于这颗绿色的马头。于是佛祖释迦牟尼赐他"马头明王"称号,让他做了七位佛教护法神之一。人们为了纪念他,就创造了卷颈上雕刻着绿色马头的乐器,称之为"朝尔"。

关于"朝尔"(又写作"潮尔""楚吾尔"等)和"马头琴"的关系主要有三种观点——"朝尔即马头琴""朝尔是马头琴的前身""二者是'同类不同形'的乐器"。蒙古族学者博特乐图把这三种观点分别称为"同一论"、"改进论"和"分开论"[4]。

其实目前已发现的和人们所看到的"朝尔"乐器中无琴头(或琴头为其他形状)的"朝尔"较多。从外观或形制结构方面看,上述"卷颈上雕刻着绿色马头的乐器"无疑是一把"马头"琴。据陈岗龙教授介绍,"这一类型主要流传在内蒙古东部地区"[1]55。而内蒙古东部地区也有把马头琴称为"朝尔"的现象。

值得注意的是,这里的"制作人"比较模糊,不是某一个具体的人,而是笼统的"人们"。

在"人制造乐器型"里,第一类和第二类传说是至今仍广为流传的两类传说;而且这两类传说中的马头琴"制琴人"更加具体化,以"苏和"或"那木吉拉"等实名出现。

陈岗龙教授在书中说,《苏和的白马》"主要流传在内蒙古锡林郭勒盟的察哈尔和哲里木盟的科尔沁等地区"[1]54。笔者认为"锡林郭勒盟的察哈尔"和"哲里木盟的科尔沁"这一说法并不妥。首先,从字面意义上讲,这种表述容易给人一种"察哈尔隶属于锡林郭勒盟,科尔沁隶属于通辽市(原哲里木盟)"的误解。其次,在锡林郭勒盟之外的"察哈尔"地区和通辽市之外的"科尔沁"地区是否同样有(或者有过)这类传说?这需要通过田野调查等工作来证实。如果有,应该说"主要流传在察哈尔和科尔沁等地"更为准确一些。其实《苏和的白马》的流传范围很广,不仅在内蒙古地区广为流传,甚至曾一度被选入日本小学教科书。据有关资料介绍,《苏和的白马》除被翻译成日文外,还有多种文字版本,人们也从不同角度对其做过很多研究。其内容大致如下:

从前有一个叫苏和的牧羊少年和他的奶奶相依为命。有一天,他在牧羊归来的路上捡到一匹白色的小马驹。

在苏和的精心照料下,白马渐渐长大。有一次,在王爷举办的那达慕大会上,苏和的白马一举获得第一名。贪心的王爷利用权势夺走了白马,还将苏和打成重伤。在王爷为喜得好马举办的庆功宴上,白马将王爷甩落马背并试图逃走。气急败坏的王爷竟然下令射杀白马。重伤的白马拼尽力气回到了苏和的身边,但因箭伤过重死在了自己主人的面前。

伤心欲绝的苏和有一天晚上梦见了心爱的白马,白马跟他说:"主人,你不要伤心落泪了。你用我的皮、骨、尾丝做一把琴,让我永远陪在你身边吧!"于是苏和就按白马说的话做了一把琴,在琴杆上端照白马的模样雕刻了马头。苏和每想起白马就拉马头琴,那琴声感人肺腑,让人难忘。

概括来说,就是一位名叫苏和的少年用白马的遗体制作了"第一把马头琴"。

民间文学作品的一个主要特征是具有"变异性",作为传说的《苏和的白马》也在传播、传承过程中发生了不少变化。据通拉嘎博士分析,这则传说以前不叫《苏和的白马》,而是《白马的传说》[5]30。《白马的传说》里没有叫苏和的人,也没有王爷和王爷夺马的情节。《白马的传说》大致内容如下:

> 有一位牧民调教出一匹白马,在那达慕赛马中这匹马总是夺得第一名。有一年,白马病死了,牧民非常伤心。有一天夜里,白马托梦给这位牧民说:"主人,请你用我的皮子制作一口水斗。"于是,牧民听从白马的话,用马皮做了一口水斗。干燥后的水斗敲击时会砰砰作响,非常好听。白马在夜里又来托梦说:"主人,请你用我的腿骨、尾巴丝和水斗制作一把琴!"于是,牧民照白马的嘱咐,将其腿骨安装在水斗上制作成音箱和琴杆,用马尾丝制作成了琴弦和弓毛。

这则传说经后人改编才变成了《苏和的白马》。很明显,从《白马的传说》到《苏和的白马》,由于环境和社会因素的影响,除了白马和用白马的遗体制琴的母题外,其余的人物、情节、主题思想等都发生了很大的变化。

《呼和那木吉拉的传说》也是当今广为人知的另一则关于马头琴起源的传说。"呼和[xoxo:]"为蒙古语"杜鹃鸟"的音译,"那木吉拉"为人名。那木吉拉唱歌犹如杜鹃鸟般好听,故人们称他为"呼和那木吉拉"。其内容大致如下:

> 从前有一个叫那木吉拉的青年,由于他善于唱歌,因此人们称他为"呼和那木吉拉"。有一天,呼和那木吉拉因服兵役被派去遥远的西方。因为他唱歌动听,所以很快博得了当地公主的喜爱。三年兵役期满,离别之际,公主送给他一匹长有翅膀的黑色神马。呼和那木吉拉回到故乡后,每天夜里

骑着飞马到西方去与公主约会,黎明时返回自己的家。后来,呼和那木吉拉的妻子(或另一个女人)发现了秘密,偷偷剪掉了神马的两个翅膀,于是马死了。悲痛的呼和那木吉拉用神马的尾丝作弦,做成了马头琴。

《呼和那木吉拉的传说》主要流传在蒙古国中西部地区。这类传说里的马不是白马,而一般都是长有翅膀的黑马,传说中叫那木吉拉的人用死去的黑马的尾丝等制作了马头琴。

此外,在"爱情"型的传说中还有牧马人的恋人制造马头琴的变体[6],这是在马头琴起源传说里少有的女性制琴的传说。

《苏和的白马》和《呼和那木吉拉的传说》两则传说虽然在主人公和故事情节等方面有所不同,但均有"用马的遗体来制琴"的母题。这也是两类传说中传承至今的最稳定的部分。

马头琴的起源传说(和神话)告诉我们,马头琴一开始就跟马有直接的关系。当然,我们都知道神话、传说等是虚构的民间文学作品,其真实性远不及历史文献史料,但也不能因此就认为其中没有一丝丝的真实的成分。如上所述,不少马头琴起源传说中都提到用黑、白两种马的"遗体"做马头琴。有意思的是,笔者在田野调查中也发现如今的马头琴制作人依然喜欢用黑、白两种颜色的马尾丝制作琴弦或弓毛。这或许在说明,即使神话、传说也有一定的符合实际的成分。

总之,马头琴起源神话、传说代表着关于马头琴起源问题的民间解释,虽然不能当作科学依据,但对其进行全盘否定起码不是很科学的态度。这也是在此简单介绍和分析马头琴起源传说(神话)的原因之一。

此外,笔者觉得在马头琴的制作及其相关文化问题研究中,这些神话和传说也有一定的参考价值和意义。首先,在此类神话、传说中有关于马头琴的形制、结构和用料等的描绘,这对于马头琴制作技艺的研究有一定的参考价值。其次,此类神话、传说对和马头琴制作有关的一些文化现象也做过解释。如,为什么把琴头做成绿色的马头形状,那是为了纪念"马头明王"等。在和马头琴制作技艺相关的文化问题研究中,此类民间阐释也具有非常重要的研究价值。

但传说毕竟是传说,它未能在文献、实物中得到实证,用它来证明马头琴的起源问题还缺少科学依据。想要厘清马头琴源流和演变问题,需要结合文献记载和前人研究成果以及现存的传统马头琴实物等,进行深入的研究。

二、前人研究的对比分析

国内外专家、学者对马头琴的起源问题做过不少研究。但由于缺少这方面的专记史料等原因出现了一些不同的观点和主张,并且学者们各持己见,可以说至今未能达到统一的认识。

按拟解决的问题可把以往的马头琴起源问题研究分为两类,一是马头琴"前身"或"世系"研究,二是马头琴"产生年代"的推测。

(一)马头琴"前身"或"世系"研究

苏赫巴鲁先生早在 1983 年发表的《火不思——马头琴的始祖》一文中就曾提出"火不思是马头琴的始祖"的观点[7]。文章并没有论证马头琴是如何从弹拨乐器火不思演变过来的具体过程,但不少专业人士都支持这一推测,认为这种"弹拨乐器 → 弓弦乐器"的推测是比较合理的。

在《叶克勒曲选》一书中,编者提供了"叶克勒有可能是马头琴的始祖"[8]之"专家推测"。作为拉弦乐器的叶克勒在形制、结构和演奏方法等方面与马头琴更为接近,所以这一推测也被一些人所接受。

对于以上两种观点,柯沁夫先生在《马头琴源流考》一文中总结说:"虽然'火不思始祖'说和'叶克勒始祖'之推测,均没有细致和充分考察论证,但在学术界却有一定影响。"文章中还说:"苏赫巴鲁……虽然未及详细考证,但已接近准确","'潮兀尔和叶克勒可能是同乐器互为变异'。笔者认为这种分析推论是正确的"[9]。

关于马头琴"前身"或历史渊源还有其他的解释。比如,马头琴是从"奚琴""勺子琴""胡琴""马尾胡琴"演变过来的等,见表 1–1。张劲盛在其硕士学位论文中谈及这一问题时说:"潮尔类乐器与马头琴的起源……其观点归纳起来包括有'奚琴说'、'火不思说'和'马尾胡琴说'等三类。"并且他认为"马尾胡琴说更具说服力"[10]。通拉嘎在其博士学位论文中把马头琴的来源说分为四类，即"奚琴—马头琴说""火不思—马头琴说""'马尾胡琴'—马头琴说""火不思—马尾胡琴—马头琴说"[5]31-33。他分析了以上四类马头琴起源说后总结说：无论是人类弓弦乐器发展史，还是我国传统音乐的发展历程，均表明弓弦乐器都是从弹拨乐器演变而来的。《中国音乐史图鉴》一书中，刊载有一幅《番王按乐图》，画面上所描绘的北方民族上层人物，正在右手持琴弓，演奏着一把弦乐器。该乐器的形制与火不思完全一样。所不同之处就是不用手指直接拨奏，而是改为用琴弓擦奏之。这一图画的重要意义在于，马尾丝类同宗乐器，确实是从火不思演变而来。从此，火不思—'马尾胡琴'说，再也不是凭空洞抽象假设，而是变成证据充分的定论了。"[5]33 也就是说，现在"火不思—马尾胡琴—马头琴"这一推测越来越被人们所接受。

表1-1　关于马头琴"前身"或"世系"问题的部分观点对比

著作及其作者	源自于何种乐器及其演变过程
[蒙古国]格·巴达拉夫.蒙古乐器史.科学、高等院学术出版公司,1960:57—58.	奚纳干胡尔(勺子琴)→马头琴;奚纳干胡尔跟火不思相似
苏赫巴鲁.火不思——马头琴的始祖.乐器,1983(5).	火不思是马头琴的始祖。它的世系是火不思—胡琴(忽雷)—朝尔—马头琴
边疆.蒙古族的马头琴.中国音乐,1984(1).	马头琴的鼻祖——奚琴
白·达瓦.马头琴源流小考.内蒙古社会科学,1986(1).	由七世纪唐代的……胡琴、奚琴、忽雷等不同名称的弹拨乐器发展变化而来
杨全富.中国少数民族中的胡琴.中央民族学院学报,1987(4).	马头琴,亦源于奚琴
道尔加拉,周吉.叶克勒曲选.新疆出版社,1990:34.	叶克勒有可能是马头琴的始祖
格日勒扎布.叶克勒与马头琴之比较研究.卫拉特研究,1995(2).	潮尔(叶克勒)→马头琴;马头琴是在潮尔的基础上发展起来的;潮尔又是叶克勒的一种变异
阿·斯仁那达米德.马头琴的足迹与形制特色.中国音乐,1996(1).	"抄儿"就是马头琴的古代称谓
柯沁夫.马头琴源流考.内蒙古大学学报,2001(1).	火不思—马尾胡琴(火不思式潮兀尔、弓弦苏古笃)—胡琴(忽雷式潮兀尔、叶克勒)—马头琴

著作及其作者	源自于何种乐器及其演变过程
布林巴雅尔.概述马头琴的渊源及其三种定弦五种演奏法体系.内蒙古艺术,2010(2).	在居住地域辽阔的各地蒙古族中马头琴的名称从古到今都有其各自的叫法……汉文文献上记载为"忽雷"即"胡琴"或者"奚琴、稽琴"
莫尔吉夫."序":瑟·巴音吉日嘎拉.马头琴荟萃.内蒙古人民出版社,2010.	建立在古代奚琴(Khil khur)、潮尔琴(Choor)基础上的当今广泛流传在草原上的——马头琴
胥必海,孙晓丽.马头琴源流梳证.四川文理学院学报,2011(3).	火不思是马头琴的"远祖"
李旭东.马头琴制作工艺及对艺术表现之影响.内蒙古大学硕士学位论文,2014.	马头琴源自古代胡琴
何苗.马头琴结构及制作艺术的发展.黑龙江民族丛刊,2016(4).	有可能从唐宋时期的北方民族的拉弦乐器奚琴发展演变而来

从以上表格可以看出,在马头琴"世系"问题方面存在一些不同的观点和看法。其原因有多种,在这方面笔者比较认同通拉嘎博士的总结。他说:"大家对马头琴类乐器的历史演变过程一直未能达成一致的意见,原因是多方面的。一是由于乐器的形成和变化本身是一个漫长、复杂的过程;二是由于蒙古族是一个草原游牧民族,文字不甚发达,也没有用文字来记录乐器发展历程的传统;三是马头琴历史上的称呼常常更换、各地称呼也各不相同;四是我们今天看到的马头琴是蒙古族各地马尾丝类同宗乐器的结合体,很难简单地说哪个乐器就是马头琴的前身。这些都是马头琴的历史沿革到目前为止都没有形成统一认识的原因。"[5]37 其中,缺乏确切的文献记载是使这一类研究陷入困境的最主要的原因之一。

在漫长的历史演变过程中,马头琴真的可能像学者们所说的那样,是从弹拨乐器演变成弓弦乐器的。那么作为马头琴"前身"的二弦弓弦乐器是什么时候诞生的? 这一问题对于马头琴起源与演变史研究来说尤为重要,因为这种二弦弓弦乐器在形制结构等方面与现在的马头琴更为相似,它给今天的马头琴的诞生提供了更直接的可能。苏赫巴鲁先生谈及这一问题时也说:"由弹拨乐火不思到拉弦乐胡琴,这是一大变革,并为清代出现的朝尔奠定了基础。"[11]下面我们再看看作为马头琴"前身"的几种弓弦乐器。

1.弓弦火不思

"火不思"有"和必斯""虎拨思""琥珀词""火木斯""胡不思""胡拨丝""胡拨四"等多种写法。据文献史料记载,火不思早在唐代已有并广为流传。传统火不思(图1-1)属于弹拨乐器,其形制结构在不少文献史料中均有记载。如《元史·礼乐志》载:"火不思,制如琵琶,直颈,无品,有小槽,圆腹如半瓶,以皮为面,四弦皮,同一孤柱。"[12]《清史稿·乐八》载:"火不思似琵琶而瘦,四弦桐柄刳其下半为槽,冒以蟒皮。曲首凿空纳弦四轴绾之,俱在右弦。"[12]显然,传统火不思为四弦琴。

在漫长的历史发展过程中,火不思在形制结构、用料等多方面均发生了很多变化(如图1-2)。有研究称,火不思"还有三弦、四弦之分"[12]。不仅如此,1949年之后,人们又研制了一种"新型火不思",这种"新型火不思"分高、中、低音三种。其形制结构和尺寸、用料和制作工艺等与传统火不思大有不同。

图1-1　传统火不思
(项阳《中国弓弦乐器史》插图)

图1-2　吉林省前郭尔罗斯蒙古族自治县
中国马头琴之乡陈列馆馆藏的火不思

支持"火不思说"的学者们认为,在火不思的发展过程中也出现过"弓弦"与"弹弦"两种火不思。如柯沁夫先生在其《马头琴源流考》一文中说:"早在北宋时期,就有弓弦与弹弦这两种演奏形态的火不思了。而弓弦火不思,又先后分出棒擦和马尾弓擦两种演奏形态。《番王按乐图》中乐器即是棒擦火不思;马尾胡琴则是马尾擦火不思。"[9]

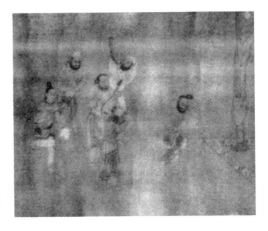

图1-3 《番王按乐图》中的"棒擦火不思"
（通拉嘎博士学位论文插图）

文章中明确说"在北宋时期"就有了"弓弦火不思"。值得注意的是,这里的"马尾擦火不思"又叫"马尾胡琴"。

2."奚琴"和"嵇琴(稽琴)"

学界不少人认为"奚琴"和"嵇琴(稽琴)"是同一种乐器的不同称谓。如《蒙古四胡制作工艺研究》一文中说:"奚琴又被称为'嵇琴'或'稽琴'。"[13]5《马头琴制作工艺及对艺术表现之影响》一文中说:"在唐代以后的文献中所谓'奚琴'与'嵇琴'是同一种乐器的两种称谓。"[14]10 柯沁夫先生在他的《马头琴源流考》一文中也把"奚琴"和"稽琴"划为同一种乐器,说:"由于受到马尾胡琴的启示和影响,筒形嵇琴(奚琴)才由为竹擦弦变革为马尾擦弦,因而也就引起了唐宋以来惯称'嵇琴'(奚琴)的筒形乐器,亦更名为胡琴,从而名副其实地形成了我国胡琴类弓弦乐器的筒形与梨形的两种不同形制。"[9]显然,这里所说的"奚琴"或"嵇琴(稽琴)"等是以"竹擦弦"或"马尾擦弦"作声的弓弦乐器。

"奚琴(嵇琴、稽琴)"一名在唐代文献资料和文学作品中已出现过。如孟浩然(699—740年)在《宴荣山人亭诗》中有"竹引嵇琴(奚琴)人,花邀戴客过"[15]的诗句。学者们认为奚琴因出自奚人,所以才被称为奚琴。而这里所指的"奚人"是文献史料中出现过的奚族人。对此,白·达瓦先生在其《马头琴源流小考》一文中说:"据《新唐书·北狄传》记载,南北朝时称'库莫

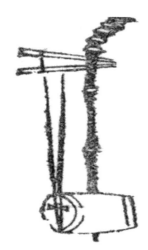

图1-4 《乐书》中的奚琴
（通拉嘎博上学位论文插图）

奚'，隋唐时称为'奚'，居住在今内蒙古昭乌达盟西拉木伦河一带，是个游牧民族。"[15]也有部分学者认为这奚族是东胡族支系。

宋、明、清时期的《乐书》（南宋）、《乐学轨范》（明代朝鲜音乐理论著作）、《文献通考》和《清史稿》等不少文献资料中都附图介绍奚琴，如南宋陈旸《乐书》（1101年）中说："奚琴本胡乐也。出于弦鼗而形亦类焉，奚部所好之乐也。盖其制，两弦间以竹片轧之，至今民间用焉。"[15]

从文献记载和插图来看，宋、明时期已有弓弦"奚琴"。但不少学者认为，此类圆筒状共鸣箱的二弦奚琴不是马头琴的前身，而更像二胡、四胡等的前身。通拉嘎认为："单从上图来看，很难判断出奚琴的琴弦是何种材质，而琴弓则是竹片制作的，很难以此为据，来判定奚琴与马头琴的渊源关系。"[5]32苏赫巴鲁先生也认为"此种奚琴大概是今日的二胡、四弦类的始祖"[11]。这说明"奚琴"之说还有待进一步证实。

3.勺子琴

在蒙古族弓弦乐器中还有一种古老的弓弦乐器叫"ᠰᠢᠨᠠᠭᠠᠨ ᠬᠤᠭᠤᠷ[ʃangan xuːr]"（汉文音译为"锡那干胡尔""奚纳干胡尔""西纳干胡尔"等），直译为"勺子琴"。

据历史资料记载和相关学者介绍，这种琴是把搅动酸奶时用的大木勺子加工后，用牛、羊等的皮和两根马尾弦制作而成的弓弦乐器。

据介绍，"装有'螭首'（马塔尔）、龙头、狮子头的锡纳干·胡尔，在蒙古国的部分博物馆内还能见到。至于锡纳干·胡尔的演奏技法和定弦等，蒙古国北部地区尚留有遗存。但受到各种客观因素制约，目前无法进一步考证。而内蒙古地区的锡纳干·胡尔已经基本失传，很难了解其定弦、演奏方法等基本特征"[5]25。也许因为"基本失传"，国内很少有人对这类古老的弓弦乐器做专题研究，勺子琴的产生年代等诸多问题仍没有明确答案。

图1-5至图1-7为笔者在田野调查工作中拍到的几把勺子琴。

图1-5 蒙古国著名马头琴制作人白嘎力扎布收藏的"19世纪的"勺子琴　图1-6 蒙古国恰特博物馆馆藏的"19—20世纪的"勺子琴　图1-7 乌审旗中国马头琴博物馆馆藏的"人头锡那根胡尔"

在国内有部分学者和马头琴演奏师认为"〰〰（奚纳干胡尔）"就是"奚琴"，马头琴是从唐代"奚琴（奚纳干胡尔）"演变过来的。对于这种观点，苏赫巴鲁先生在《火不思——马头琴的始祖（续）》一文中说在宋代出现的"二弦弓擦乐器"叫"胡琴"，"蒙古人俗称'西那干胡尔'（勺子琴），简称西胡，但决非奚族（库莫奚）的奚琴。国内外一些考乐学者，都把西胡和奚琴混淆一谈了，至今尚未澄清。"[11]笔者认为他的观点有一定的道理。首先，"奚族"是中原汉族对北方一个少数民族的称呼，而"奚纳干胡尔"则是蒙古语"〰〰"，所以从字面意义上讲，这两个名称中的"xi"音（或字）不会有直接的关系。其次，从乐器的形制结构角度来看，一个更多的是筒形共鸣箱乐器，而另一个则是梨形共鸣箱乐器。因此，笔者也认为很难断言说"奚纳干胡尔"即"奚琴"。

由于在蒙古语里没有"奚琴""胡琴"等词，所以蒙古国格·巴达拉夫等学者推测说"马头琴（或潮尔）是从'〰〰'演变过来的"也有其道理。"〰〰"不仅共鸣箱是梨形的，而且它的琴体和琴弓也是分开的。比起上图筒状共鸣箱"奚琴"，这种勺子琴在形制结构方面与马头琴更为相似。

4."胡琴"或"马尾胡琴"

对于"胡琴"，柯沁夫先生认为："胡琴的称谓，最早始于唐代，但唐宋期

013

间,在有关胡琴的史料和文学作品中,其涵意及所指,却十分不明确,由此引起纷纭众说,莫衷一是。"他说:"唐代胡琴的涵意是泛指北方少数民族地区和西域弹拨乐器,主要是指传入中原的胡雷、琵琶等梨形音箱的弹拨乐器,有时也专指胡雷或琵琶。……宋代胡琴不仅是指少数民族的弹拨乐器,其涵意的偏移,已包括了新兴的马尾弓弦乐器……到了元代,就成为弓弦潮兀尔的专称了。"[9]也就是说,从唐代以来胡琴称谓的所指发生过很多变化。

那么,作为二弦弓弦乐器的"胡琴"是什么时候产生的?对于这一问题,不少学者都认为是"北宋时期"。其主要依据是,北宋时期的文献史料中出现过北方游牧民族的"马尾胡琴"。如北宋中期的沈括(1031—1099年)在《梦溪笔谈》中写道:"马尾胡琴随汉车,曲声犹自怨单于。弯弓莫射云中雁,归雁如今不寄书。"就此有学者推测"唐代及宋初的弹拨胡琴、奚琴发展到十一世纪变革为拉奏弓弦乐器"[15]。

从文献记载看,"马尾胡琴"在北宋时期已有是无疑的。笔者认为,虽然在北宋时期的资料中出现过马尾胡琴,但这并不代表马尾胡琴在北宋时期才有。因为目前还没有足够的证据来证明在北宋以前就没有"马尾胡琴"这类乐器,所以作为"拉奏弓弦乐器"的马尾胡琴的起源应该说关系到北宋或更早的时候。在这一点上,笔者比较认同项阳先生的观点。他在《中国弓弦乐器史》一书中说:"作为胡琴类的弓弦乐器,的确应该是由弹弦乐器发展而来,……这种转化最迟也应该是在宋代完成的。"[16]因为一种乐器的产生、发展、传播和被文献史料记载必定需要一些时间。

5.潮尔

对于蒙古族弓弦乐器之一"ᠴᠤᠤᠷ[tʃuːr]"的汉译一直存在不规范现象,出现了 "抄兀儿""楚吾尔""潮兀儿""绰儿""朝尔""抄尔""抄儿""潮尔"等多种音译。针对这一情况,柯沁夫先生曾写过一篇名为《"潮尔"汉语音译的规范问题》的文章,提倡统一使用"潮尔"这两个字[17]。本文不论证哪个音译更为合理,暂且采用柯沁夫先生提倡的"潮尔"两个字。

《中国少数民族乐器》中记载:"朝尔,蒙古族弓拉弦鸣乐器。朝尔为蒙古语共鸣之意。又称西那干朝尔,意为带共鸣的勺子。清代出现,形制多样,音色柔和浑厚,富有草原特色。可用于独奏、合奏或为歌舞、说唱伴奏。流行于内蒙古自治区东部的兴安盟、哲里木盟、昭乌达盟和西部的巴彦淖尔盟、阿拉善盟等地。"[18]那么作为弓弦乐器的潮尔真的是在"清代出现"的吗？其实对于这一问题有"十三、十四世纪就已经出现""元明时代以后""清代出现"等不同观点。

著名马头琴演奏家布林巴雅尔认为，"《白史册》所记载的潮尔应该比十三、十四世纪更早的许多年以前产生是无疑的"[19]。通拉嘎博士也在他的博士学位论文中谈及这一问题，他认为："元代的所谓'绰儿'其实就是'抄儿'，指的是胡笳或羌管，而不是今天的弓弦乐器'抄儿'，更不是马头琴。""抄儿的概念从管乐器转变为弦乐器，应该是元明时代以后的事情。"[5] 19

出现这些不同观点的主要原因在于清代之前的文献史料中也出现过"ᠴᠣᠣᠷ（潮尔）"一词。例如在 13 世纪的《蒙古秘史》及元代文献《十善福白史册》等蒙古族文献史料中也出现过"抄儿赤"（"演奏潮尔的人、潮尔演奏家"之意）的职位名称[20]。此外，17世纪蒙古文文献《蒙古黄金史》中的"成吉思汗箴言"中也出现过"胡兀尔、抄兀儿"等称谓。这些文献记载成为部分学者认为弓弦潮尔产生于"十三、十四世纪更早的许多年以前"的主要依据。

的确，蒙古语"ᠴᠣᠣᠷ（潮尔）"不是专指一种乐器，它除了指弓弦潮尔外，有时也指蒙古族吹奏乐器"ᠮᠣᠳᠣᠨ ᠴᠣᠣᠷ [mɔdən tʃʊːr]"（冒顿潮尔，"冒顿"为"木"之意）等其他乐器（通拉嘎博士所说的"胡笳或羌管"就是指这种冒顿潮尔）。所以很难断言说古代文献史料中的"ᠴᠣᠣᠷ（潮尔）"均指弓弦潮尔。

对于"ᠴᠣᠣᠷ（潮尔）"这种古老的称谓的字面意义，有"共鸣"之意的推测，也有"ᠴᠣᠣ——穿透、戳穿"之意的推测。认同"穿透、戳穿"之意的专家学者更倾向于元代或之前的"ᠴᠣᠣᠷ（潮尔）"指的是"ᠮᠣᠳᠣᠨ ᠴᠣᠣᠷ（冒顿潮尔）"即"胡笳或羌管"，所以弓弦潮尔应产生于元、明或清代。

问题的关键在于元代或之前的文献史料中的"ᠴᠣᠣᠷ（潮尔）"是吹奏乐器还是弓弦乐器。如果有些是弓弦乐器，那么"马尾胡琴可能就是潮兀尔（马头琴前身）"[9]等观点均有其合理性。但这需要进一步考证。

值得注意的是，也有部分人认为潮尔即马头琴，所以他们用有关潮尔的古代文献记载来判断马头琴的产生年代。如阿·斯仁那达米德在《马头琴的足迹与形制特色》一文中就做过类似的判断。

图1-8　乌审旗中国马头琴博物馆　　图1-9　内蒙古自治区级非遗（潮尔制作技艺）
馆藏的"20世纪初"红木制传统潮尔　　代表性传承人巴特及其改制的板面潮尔

6."叶克勒"和"伊奇里"

我国新疆卫拉特蒙古人、蒙古国西部和俄罗斯图瓦共和国等地的蒙古人也在用一种两弦弓弦乐器，叫"叶克勒"。这种两弦乐器在形制、结构等诸多方面与当今马头琴有很多相似之处。所以"叶克勒始祖"之推测也不难理解。有意思的是，部分学者认为叶克勒是潮尔的"变异"，甚至是同一种乐器的不同称呼。如，表1-1中格日勒扎布就很明确地说："潮尔又是叶克勒的一种变异。"而阿·斯仁那达米德在1996年发表的一篇文章中把马头琴分为"潮尔""伊克利""赫利""冒仍胡尔"四种[21]，其中"伊克利"指的就是叶克勒。阿·斯仁那达米德认为它们之间有"弓弦以马尾制成，弓子放在两股弦的外侧演奏"等共同点。

那么这种叫"叶克勒"的弓弦乐器又是什么时候产生的呢？有学者认为"'叶克勒'的称谓必然要晚于清代乾隆年间"[9]。其依据是乾隆年间，清帝国征服准噶尔卫拉特蒙古四部后，把卫拉特人的乐器引入宫廷，但当时不叫叶克勒，而叫"伊奇里胡尔"或"奇奇里胡尔"，所以说"'叶克勒'的称谓必然要晚于清代乾隆年间"。

"伊奇里呼（胡）尔"在清朝文献资料里也有记载。如，《皇舆西域图志》载："伊奇里呼尔，即胡琴也。以木为槽，面冒以革……施二弦，以马尾为之。

别以木为弓,以马尾为弓弦,以弓弦轧双弦以取声。"[9]很显然,伊奇里呼尔的形制、结构与弓弦潮尔和马头琴非常相似。

通拉嘎在其博士学位论文中谈及叶克勒和伊奇里呼尔的关系时说:"叶克勒和伊奇里,其实是指同一个名词,意思也是'马尾丝'。所谓'叶克勒',不过是伊奇里的新疆卫拉特蒙古语方言罢了"[5]24。蒙古族学者格日勒扎布也认为"黑力和叶克勒很可能是同一词的不同发音"[22]。也就是说,"叶克勒""伊奇里""黑力(利)"等有可能是同一种乐器的不同叫法。

可以确定的一点是, 这一类乐器在清代时已相对成熟,并被"引入宫廷"使用。

7.苏汗胡尔

在蒙古族弓弦乐器大家族中,也有一种名叫"苏汗胡尔"的独弦乐器。在蒙古国布里亚特蒙古人当中,至今也有人在使用这种独弦琴。国内一些博物馆和制琴厂里也有苏汗胡尔的身影。但到目前为止,国内很少有人对苏汗胡尔做专题研究,它的产生年代等诸多问题均有待深入研究。

笔者在田野调查中, 发现关于马头琴起源有另一种说法——"苏汗胡尔说"。马头琴制作人布和接受笔者采访时说:"马头琴可能是从一个叫'苏汗胡尔'的独弦琴演变过来的。巴基斯坦哈扎拉蒙古人如今也在用这种乐器,也有人在研究。"①这种观点在前人研究著作里是很少见的。

布和认为,从单弦乐器到双弦乐器,是从简单到复杂的演变过程,或者说由不成熟到成熟的过程。

综上所述,笔者认为,马头琴可能正如学者们所说,是从弹拨乐器火不思等演变过来的。作为马头琴"前身"的二弦弓弦乐器究竟是什么时候诞生的,目前没有统一的答案。马头琴如果是从马尾胡琴演变过来的,那么这类

---

①马头琴制作人布和访谈.时间:2017 年 12 月 17 日.地点:"骏马乐器"琴店.

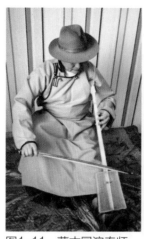
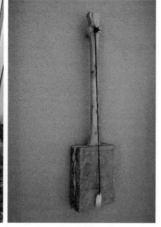

图1-11 蒙古国演奏师
在演奏苏汗胡尔(马头琴
制作人布和提供)

图1-12 乌审旗中国马头琴
博物馆馆藏的一把独弦琴

二弦弓弦乐器最迟宋代就出现了。如果马头琴是从"奚琴(嵇琴、稽琴)"等演变过来的,这类二弦弓弦乐器的产生时间可能更早。

（二）马头琴"产生年代"之推测

如上所述,学者们推测马头琴可能是从火不思、奚琴、胡琴、勺子琴等乐器演变过来的,所以关于这些乐器的最早的文献记载便成了判断马头琴产生年代的主要依据。白·达瓦在《马头琴源流小考》一文中写道,早在唐代"胡琴""奚琴""忽雷"之名已见于中原汉族史书及文人的诗文中,所以"胡尔、潮尔"——马头琴已经过"一千三百余年的漫长历史阶段"[15]。据笔者观察,目前关于马头琴的"产生年代"有"两千年以前""千年以前""清末民国初年"等多种观点。表1-2为关于这一问题的几种代表性观点。

著名潮尔、马头琴演奏家布林巴雅尔在《概述马头琴的渊源及其三种定弦五种演奏法体系》一文中,反驳马乃辉提出的"马头琴产生于距今两千年以前"的观点,认为"文中没有提及论据,很难令人确信"[19]。据笔者观察,这种"两千年以前"的观点并不多见,也没有人对此做过充分的考证。

关于"清末民国初年马头琴产生""民国初年才出现马头琴"等说法,笔者认为这可能跟"马头琴"这一称谓以文字形式出现的时间有关。

表1-2　关于马头琴产生年代的部分观点对比

著作及其作者	起源时期
齐·宝力高.关于马头琴的起源与发展.内蒙古日报,1979.2.23.(3).	可能产生于3、4世纪的时候。只是那时不叫马头琴,而是叫勺子琴(奚琴)
苏赫巴鲁.火不思——马头琴的始祖.乐器,1983.5.	民国初年才出现马头琴
边疆.蒙古族的马头琴.中国音乐,1984.1.	早在一千多年前的唐代,马头琴的鼻祖——奚琴,就已出现在奚族民间
白·达瓦.马头琴源流小考.内蒙古社会科学,1986.1.	一千三百余年
色·青格勒.试论马头琴的起源和发展.戏剧,1989.1.	已有一千多年的历史
阿·斯仁那达米德.马头琴的足迹与形制特色.中国音乐,1996.1.	马头琴真正的滥觞年代,也不是在魏晋南北朝或柔然牧业大帝国时代,也许是在这个游牧民族中最重视各类乐器运用的萨满教初次发达的遥远岁月
柯沁夫.马头琴源流考.内蒙古大学学报,2001.1.	清末民国初年马头琴产生
布林巴雅尔.概述马头琴的渊源及其三种定弦五种演奏法体系.内蒙古艺术,2011.2.	已有上千年的历史
李旭东.马头琴制作工艺及对艺术表现之影响.内蒙古大学硕士学位论文,2014.	千年以前

目前,不少学者都认为"马头琴"这个称谓最早出现在日本女学者鸟居君子于昭和二年(1927年)出版的《土俗學上より觀たる蒙古》一书中。鸟居君子的这本书中确实有"ムリン　トロガィヌ　ホ—ル""馬頭琴"等称谓。但这并不意味着作为乐器的"马头琴"是那个时候才产生的,因为那些乐器是喀喇沁王府等地原有的乐器,鸟居君子看到后最多"给起了名"而已。

"马头琴"在蒙古语里叫"ᠮᠣᠷᠢᠨ ᠬᠤᠭᠤᠷ[mɔrin xuːr]"。"马头琴"和"ᠮᠣᠷᠢᠨ ᠬᠤᠭᠤᠷ"这两个称谓可能最早出现在清末或民国初年的文献资料中,但这不能证明在之前民间就没有"ᠮᠣᠷᠢᠨ ᠬᠤᠭᠤᠷ"这些称谓。学者们对鸟居君子"起名"说法持怀疑或否定的态度也是有道理的。因为按常理来讲,一名外国学者给起的"名字"很快就被草原人民所接受并普及是不太可能的。更大的可能是先有这些称谓,后载入文献资料之中。

胥必海、孙晓丽在《马头琴源流梳证》一文中把有关马头琴名称来源的观点总结为"传说"、"日本说"、"革命说"和"进化本土说"4类，并认为"进化本土说"是最合理的[23]。笔者认同这一总结和分析，也就是说，"ᠮᠣᠷᠢᠨ ᠬᠣᠭᠣᠷ"等称谓是在蒙古族民间固有的称谓，并且像学者们所说的那样，这种乐器可能是从潮尔等其他弓弦乐器演变而来。

表1-3　关于"ᠮᠣᠷᠢᠨ ᠬᠣᠭᠣᠷ"和"马头琴"名称出现时间的部分观点

著作/人物	"ᠮᠣᠷᠢᠨ ᠬᠣᠭᠣᠷ"/马头琴"称谓的出现
白·达瓦.马头琴源流小考.内蒙古社会科学,1986(1).	马头琴一名大约得名于十九世纪末（末——笔者）到二十世纪中，是根据其琴首由原来的龙头或魔头改为马头装饰后逐渐统称为"毛林胡尔"的，汉译为马头琴
色·青格勒.试论马头琴的起源和发展.戏剧,1989(1).	"ᠮᠣᠷᠢᠨ ᠬᠣᠭᠣᠷ"——清代末年
乌兰杰.关于马头琴的历史.草原歌声,1985(2).	清代末才开始称"ᠮᠣᠷᠢᠨ ᠬᠣᠭᠣᠷ"
格日勒扎布.叶克勒与马头琴之比较研究.卫拉特研究,1995(2).	"马头琴"——解放后的普遍称谓
额尔敦.关于马头琴的制作.内蒙古艺术,2002(2).	现在的"ᠮᠣᠷᠢᠨ ᠬᠣᠭᠣᠷ"这个称谓可能起始于清朝末
布林巴雅尔.概述马头琴的渊源及其三种定弦五种演奏法体系.内蒙古艺术,2011(2).	据我考证"马头琴"这一名称却只有在最近几十年中才普遍应用
张劲盛.变迁中的马头琴——内蒙古地区马头琴传承与变迁研究.内蒙古师范大学硕士学位论文,2009:22.	内蒙古自治区成立前后，"马头琴"一词已经广为使用了。早在1949年出版的《蒙古民歌集》中，就出现在（了——笔者）"马头琴"一词
马头琴制作人段廷俊（采访时间:2017年5月31日下午）	马头琴是近代称呼，古代不叫马头琴
马头琴制作人布和（采访时间:2017年12月17日下午）	"ᠮᠣᠷᠢᠨ ᠬᠣᠭᠣᠷ"和"马头琴"不是同一个指代。"马头琴"三个字的出现是清代末年的事，也就是100多年前的事。"ᠮᠣᠷᠢᠨ ᠬᠣᠭᠣᠷ"可能比它早一点
潮尔/马头琴制作人巴特（采访时间:2018年2月12日下午）	我们蒙古人中没有"马头琴"这一称谓，这是后来才出现的，是日本人给起的名字，从那以后，特别是20世纪80年代以后才开始广泛出现"马头琴"这个词

"⸺⸺"和"马头琴"这两个称谓可能真的是到"清代末年"才以文字形式出现的(见表1–3),但这不等于作为乐器的马头琴"清代末年"才产生的。它的起源可能像学者们所说的那样可以追溯到"一千年以前"。

总之,学者们对马头琴的起源和演变问题做了很多研究。这些成果的古籍梳理、提供的相关信息和提炼出的观点等,对后人的研究都极其珍贵。但对马头琴起源和演变问题的研究依然有待深入。对此,以往的部分研究著作,也提及过一些存在的问题,如马头琴概念不确定(通拉嘎),一些文章对于马头琴的演变过程未做细致和充分的考察论证(柯沁夫)等。

笔者认为,在以往对于马头琴起源与演变史的研究中主要存在以下两个问题:

其一,缺少专记史料,导致以往的研究以推测为主。

学者们至今未能找到关于马头琴产生年代的专记史料,这导致在马头琴起源问题研究方面出现了"奚琴说""火不思说""马尾胡琴说"等各种推测,并且至今未能达到统一的认识。在以往的研究中,学者们主要基于文献史料中的相关描述和插图等来判断马头琴的产生年代和演变过程。

由于对马头琴的起源和演变脉络研究大多属于推测,因而在此基础上对很多具体问题很难进行深入的研究,只能做进一步的假设。这导致关于马头琴的起源和演变过程的很多具体问题至今没有定论。

其二,所引的文献史料重复得多,缺少新的文献资料、新证据。

回顾以往的研究,不难发现,所引用的文献史料重复较多。学者们常引用作证的文献史料有《蒙古秘史》等蒙古族文献和上文所涉及的中原汉文文献史料、文人的诗文,以及马可波罗、鲁不鲁克、哈士伦德、鸟居君子等外国旅行家、学者的游记和著作等。

在马头琴的起源问题研究中,除了新的文献史料的发现之外,对岩画、传统马头琴实物等进行系统的调查、考究也同样重要。

目前,引起学者们关注的有关蒙古族弓弦乐器的岩画遗存是在蒙古国科布多省阿拉泰苏木境内发现的一处岩画(图1–13)。其上绘有两名男性演奏者,从其中一人的手势和手中乐器的形状等来看,演奏的可能是弓弦乐器。一些专家认为岩画上的这种弓弦乐器可能在公元前2000—前1000年就已存在[24]。如果这类乐器是今天马头琴的"前身",那么马头琴的起源就可以追溯到更早的时候了。但到目前为止,不仅这类岩画遗存发现得并不多,而且这方面的研究同样也有待深入。

图1-13　蒙古国阿拉泰苏木境内的岩画遗存[马克斯尔扎布(单泰陆)《弦线征服——马头琴》插图]

在马头琴的起源,尤其马头琴演变史的研究中,传统马头琴实物的考察与研究是必不可少的。笔者通过田野调查发现,如今在我国内蒙古和蒙古国各级博物馆及民间仍有很多传统马头琴实物,这更有利于将文献记载和传统马头琴实物相结合研究。

下面简单介绍一下笔者在田野调查中拍摄的几件传统马头琴实物。

一是著名马头琴演奏大师齐·宝力高收藏的"元代马头琴"(图 1-14 至图 1-18)。

在齐·宝力高马头琴博物馆里有一把传统马头琴。齐·宝力高先生说:"那是元代马头琴,它是乌珠穆沁亲王王府里的乐器。"②

图1-14　"元代马头琴"　图1-15　琴头的正面　　图1-16　琴头的背面
(仿制品)

---

②著名马头琴演奏家齐·宝力高访谈.时间:2017 年 1 月 1 日.地点:齐·宝力高北京家里.

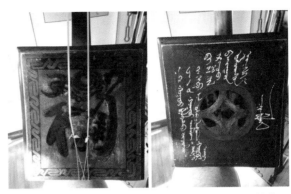

图1-17 琴箱正面　　　　　图1-18 琴箱背面

从图 1-14 至图 1-18 看,这把琴显然是"马头 + 龙头"的双头琴,没有铜轴,只有木轴。琴箱正面用皮蒙制,音孔在背板上(这些均符合传统马头琴的特点)。背板上有白色笔写的几行字,大致内容为:这是乌珠穆沁亲王的胡尔,是他祖辈流传下来的。我找了 28 年才找到。此外,琴头背部也有用黑色笔写的"色拉西演奏的琴"几个字。据齐·宝力高介绍,说这把琴是元代马头琴的主要依据有两个:一是这把琴所用的木料是比较早的木料,二是乌珠穆沁亲王自己写的一本书上有跟这把琴相关的记载(遗憾的是,笔者未能看到具体内容)。

笔者在搜集相关资料时发现,新华网、《内蒙古晨报》、内蒙古晨网等媒体也曾对此做过报道,称这是元代马头琴③,见图 1-19、图 1-20。

图1-19 齐·宝力高向慕名而来的观众介绍"镇馆之宝"—— 一把元代马头琴(新华网)

图1-20 齐·宝力高展示收藏的一把元代马头琴(内蒙古晨网)

③ "新华网"2014 年 03 月 26 日的报道,http://news.xinhuanet.com/shuhua/2014–03/26/c_126316188. htm;"内蒙古晨网"2014 年 03 月 20 日的报道, http://www.nmgcb.com.cn/news/nmg/2014/ 0320/62008.html

笔者认为目前断言说这是一把"元代马头琴"还缺乏科学依据，需要进一步的科学鉴定和深入研究。

二是乌审旗中国马头琴博物馆馆藏的"马头螭首福寿纹潮尔"（图 1-21 至图 1-23）。

图1-21　"马头螭首福寿纹潮尔"　　图1-22　琴头　　　　　图1-23　琴箱

在内蒙古鄂尔多斯市乌审旗中国马头琴博物馆藏有一把"马头螭首福寿纹潮尔"，备注是"17 世纪中期"的琴。

馆里的"说明"是"福寿纹潮尔"，虽然琴箱面部花纹有所不同，但它的形制结构等与上文"元代马头琴"极为相似。这里也不能排除仿制和后期加工、修复的可能。"说明"还介绍，这把琴是"原锡林郭勒东乌珠穆沁旗王府乐器，曾由潮尔大师色拉西收藏并演奏，距今已有近四百年历史"。所以说，从形制结构和"乌珠穆沁旗王府乐器"、"曾由潮尔大师色拉西收藏并演奏"等信息来看，这把琴也有可能是上述"元代马头琴"的仿制品。

三是两把"清代马头琴"。

除上述两把琴外，笔者在田野调查工作中还拍摄到了几把老琴。其中有两把"清代马头琴"，一把是内蒙古锡林郭勒盟西乌珠穆沁旗男儿三艺博物馆馆藏的"清代马头琴"（图 1-24 至图 1-27），另一把是内蒙古兴安盟科尔沁右翼前旗博物馆馆藏的"清代马头琴"（图 1-28 至图 1-30）。

图1-24 正面　　　图1-25 背面　　　图1-26 琴头　　　图1-27 琴箱侧面

图1-28 "清代马头琴"　　　图1-29 琴头　　　图1-30 琴箱

据博物馆相关负责人和这两把琴的征集人邵清隆介绍,这两把琴是1949年前后从民间征集到的,其制作和使用年代均关系到清代时期。

如果上述几把琴年代上实属"元代""17世纪中期""清代"的话,那这些传统马头琴实物对马头琴的起源和演变史研究均有非常高的参考价值(比如可得出结论:在元代就有雕马头的弓弦乐器等)。所以广泛征集和深入研究这类文物是推进马头琴起源和演变问题研究的一个重要途径。

综上所述,笔者认为,专记史料等的短缺是马头琴起源问题研究陷入困境的主要原因,要在马头琴起源和演变问题的研究方面有新的突破,还需要新的文献资料和新的实物证据的发现。相信今后随着研究的深入,对于马头琴的起源与演变问题会得出准确的结论。

第二节

马头琴的改革

就如学者们推测的那样，马头琴自从诞生至今一直处在演变状态中。如果说之前更多的是在自然的状态下进行的演变，那么1949年之后人们对马头琴进行了有组织、有计划、"全方位"的改革工作。经这一改革后，出现了现代木面马头琴和电声马头琴等新型马头琴。

一、改革的原因和背景

那么，人们为什么对马头琴进行如此大的改革呢？其原因有多种，对此前人也做过一些研究。笔者认为主要原因有两个方面。

（一）"全国乐改思潮"的影响和时任领导的重视

新中国成立后的马头琴改革正是在当时"全国乐改思潮"的社会文化背景下进行的。这一点蒙古族学者博特乐图（杨玉成）、通拉嘎、高敖民等都在文章中提到过。如博特乐图教授在《分"形"归"类"，保护民族器乐遗产——再谈抄儿、马头琴、抄儿类乐器及其保护问题》一文中说："在'洋为中用''国乐改进'等思潮的深刻而长期的影响下，数代中国音乐家们热衷于创作新歌曲、改造旧乐器、改革歌舞戏曲，因而到了世纪后期的时候……旧乐器则多数进入到以西洋乐队为标准的乐队编制中，从而实现了所谓'走向世界'。现代马头琴正是在这样一种社会文化语境中发展起来的。"[4]所谓"现代马头琴"，正是对"传统马头琴"进行"全方位"改革而成的新型马头琴。在演奏新曲子和合奏等新的需求下，传统皮面马头琴的自身缺陷也日益突出，从而加速了人们对马头琴进行改革的步伐。

如果说全国性的乐器改革潮流促进了马头琴的改革，那么时任国家领导人和内蒙古自治区领导的指示和关怀就是马头琴改革的更直接的原因。如在《黑利马头琴改革史况》一文中详细记载了时任内蒙古自治区领导们对马头琴改革事业的关心:当时从乌兰夫主席和布和同志开始,内蒙古文化厅和歌舞团领导们不断地支持和帮助桑都仍的马头琴改革,布和同志经常问马头琴的改革并提建议鼓励,所以改革才顺利地进行。看到在北京研制的三弦马头琴布和同志表示满意并提出"使其继续发展,不能改变其原有的音色"的建议[25]。正因为当时的马头琴改革受到了时任最高领导们的重视和关心,所以至今依然有人说"当时是国家对其进行的改革"④。

在全国乐器改革思潮与时任领导们的重视下,马头琴的改革工作很快就全面开展起来,很多知名演奏家和制琴师及相关人员都陆续参与了这一改革活动。很显然,这种改革与原先民间马头琴自然性的演变或局部的、个人的改革有所不同,它已变成了有组织、有计划、有目的的"全方位"的改革。可以说,这种有组织、有计划的大改革在马头琴的演变史上是罕见的。

(二)城市化、舞台化、现代化的需求

假设当时没有"全国乐改思潮"和时任领导们的重视,马头琴的改革或许还会进行的,只是其规模和力度可能有所不同而已,因为改革是蒙古族人口和音乐文化的城市化及蒙古族音乐文化的专业化、现代化的内在需要。

早在蒙古汗国和元朝时期,蒙古人就已经历了一段城市化的过程。新中国成立后,又一次出现大量的蒙古人进城生活的现象,蒙古族人民又一次经历城市化。生存环境、生活方式的改变和城市多元文化的冲击和熏陶等多种因素促进了"城市蒙古族文化圈"的形成。

据相关研究,"自鸦片战争以来蒙古族传统音乐文化经历了两次大的转型和过度(应该为"渡"——笔者):一是从草原向农村过渡(部分地区);二是从牧区农村向城市过渡。改革开放以来,这两股趋势正在结合成一股潮流,并且空前迅猛地向前发展。"[5]41 也就是说,随着蒙古人的城市化进

---

④马头琴制作人布和访谈.时间:2017年12月17日.地点:"骏马乐器"琴店.

程,城市蒙古族音乐文化也逐渐形成并迅速发展。

　　响应中华人民共和国成立初期的社会主义革命和建设的要求及当时的文化战略部署,蒙古族一些民间艺人也陆续"进城",开始走上了"专业化"道路。如,自20世纪50年代初开始,著名潮尔、马头琴演奏家色拉西、巴拉干等很多民间艺人先后被纳入内蒙古歌舞团等专业团体。他们当时的主要任务是用人民喜闻乐见的文艺形式为人民、为社会主义革命和建设服务。传统皮面马头琴登上城市舞台后,自身缺陷日益突出,比如声音小、琴箱皮面容易受潮,从而影响音色、音质,由多股马尾丝组成的琴弦受气候影响容易崩断或者出现杂音等。另外,传统马头琴制作时更多的是就地取材,且多用于自娱自乐,所以其尺寸比例、用材性能、制作技艺及音质、音色等都有较明显的区别。而这种多种多样的、形形色色的传统马头琴在舞台上进行合奏还需要多方面的改进,需要规范化和标准化。对此,著名马头琴演奏家齐·宝力高也曾总结说:"内蒙古地区的传统旧马头琴,既缺乏科学性,又在结构方面存在缺陷,音质音色不清晰不标准,共鸣箱的振动力弱,音量亦弱小,又由于其弓子是由一般木条制作的,因而很难适应演奏高难度技术技巧的乐曲。"[26]352 这些城市化、舞台化、专业化的需求使传统皮面马头琴的改革提上了"议事日程"。因此,有学者认为这次改革是"马头琴在市场化、舞台化需求下的一次扭转"[27],也是有一定道理的。

　　在蒙古国, 从20世纪五六十年代开始人们对马头琴也进行过一次改革,当时,在苏联一位小提琴制作师的技术指导下,成功研制出新型木面马头琴。虽然就改革起始时间,有"1952年"⑤"1956年"[5]65"20世纪60年代中后期"⑥等不同看法,但蒙古国当时马头琴的改革也是为了克服传统皮面马头琴的自身缺陷,使它适应城市专业舞台。由此可以看出,木面马头琴的诞生是城市化、现代化、专业化的必然结果。

　　总之,从20世纪五六十年代开始对传统皮面马头琴进行改革的原因有很多。笔者认为,如果当时的"全国乐改思潮"和时任领导的重视是国内马

---

⑤马头琴制作人布和访谈.时间:2017年12月17日.地点:"骏马乐器"琴店.
⑥蒙古国著名马头琴制作人白嘎力扎布访谈.时间:2017年10月23日.地点:白嘎力扎布制琴厂.

头琴改革的直接原因,那么城市化、舞台化、专业化的需求则是改革的潜在动因,现代化、全球化的进程更是加速了这一改革。所以,有人把这一时期的马头琴改革称为"马头琴现代化改革"[28]是比较恰当的。

二、改革历程

(一)关于起始时间

关于这次国内马头琴改革的"起始时间"和改革者,有从20世纪50年代初或50年代末开始、由色拉西或桑都仍开始改革等不同的观点,但多数人认为对马头琴进行的"全面改革"是从20世纪50年代初开始的。如,著名马头琴演奏家齐·宝力高在《马头琴与我》中说:"对这种传统的旧马头琴自一九五三年开始,我们尊敬的桑都仍老师与呼和浩特市乐器厂制琴师张纯华先生一起在当时的内蒙古文化局的支持下,首次对马头琴进行了全面改革创新,他们批判地汲取国内外弓弦乐器的制作与演奏法的经验,研制出第一代改革的新马头琴。"[26]352 表1-4为对于这两个问题的部分观点的对比。

表1-4 关于马头琴改革起始时间和改革者的部分观点

著作及其作者	起始时间	改革者及其改革事项
齐·宝力高. 马头琴与我. 内蒙古人民出版社,2001:352.	一九五三年开始	桑都仍与张纯华
通拉嘎. 蒙古族非物质文化遗产研究——马头琴及其文化变迁. 中央民族大学博士学位论文,2010.	"建国初期"	色拉西;以失败告终,却揭开了马头琴改革的序幕
	1953年开始	桑都仍和张纯华;马头琴改革的正式起步
高·青格乐图,扎米彦. 黑利马头琴改革史况(b). 草原歌声,2003.3.	1949年之后	桑都仍和张纯华;1949年之后对马头琴进行改革的第一人是桑都仍。张纯华给桑都仍全部按时免费制作
达日玛,乌红星. 马头琴的改革. 乐器,1989.4.	(20世纪)50年代末、60年代初	桑都仍与张纯华等同志;(改革)才真正开始
王·金花. 蒙古族传统乐器——马头琴(b). 内蒙古日报,1985.2.7.(4).	1953年	以桑都仍、张纯华等老一辈老师们为代表的一代人

著作及其作者	起始时间	改革者及其改革事项
何苗.马头琴结构及制作艺术的发展.黑龙江民族丛刊,2016.4.	/	色拉西;马头琴艺术改革的"引领者"
博·巴图吉日嘎拉.有关马头琴的回忆(b).内蒙古日报,1987.12.10.(3).	/	桑都仍;最先为了防马头琴受潮,使音色更加清晰把皮面改成蟒皮

从表1-4看,关于马头琴改革的起始时间有"1953年""50年代末60年代初(才真正开始)"等不同的看法。但从"真正开始"几个字看,该文作者也认同之前的马头琴改革。所以说中华人民共和国成立后的马头琴改革,可能从色拉西等老一辈艺人那里开始,只不过他们的改革是局部性的改革(或说其改革"以失败告终"),最早对马头琴进行"全方位改革"的应该是桑都仍、张纯华等人。

(二)改革历程

从"全面改革"这几个字眼可以看出,中华人民共和国成立后人们对马头琴进行的改革是多方面的。其中有用料的改革,有形制结构、尺寸比例的改革,有制作技艺的改革,有定弦法、演奏技巧、演奏姿势等的改革,还有演奏曲子的创新,等等。但本书主要探讨马头琴制作技艺问题,所以本章中重点介绍有关形制结构、尺寸比例、用料等的改革。

关于这一"全面改革",不少文章中均有介绍。如《黑利马头琴改革史况》一文中介绍说:……最后都用了木板。用白松做了面板,用枫木(做小提琴的木料)做了背板和侧板。……去上海工厂让他们做了适合马头琴上用的尼龙弦。……用了铜轴后琴弦不松了……。这是1958年的事。……1962年10月在北京演出时皮面和琴弦都经过改革的新型马头琴正式出现在舞台上。[25]著名马头琴演奏家齐·宝力高在《马头琴与我》一书中说:"于一九六二年……日本尼龙丝取代了旧的马尾琴弦,并以定音鼓皮面蒙面的马头琴也诞生了。在这种琴的基础上,于一九七二年又产生了以蟒皮蒙面的马头琴。这种马头琴把原来只有二个八度的马头琴变成三个八度音域的马头琴,并保持了其原有的音色浑厚抒情和音质清晰的特点,更丰富完善了马

头琴的音质音色……"[26]352-353

新中国成立后的马头琴改革持续时间长,参与人很多,其中既有演奏家,也有制琴人。如色拉西、桑都仍、张纯华、周建雄、齐·宝力高、段廷俊、达日玛、李福明、周印、周润林、张忠本、巴特等,见表1-5。正因为参与的人多,改革的次数多,所以在马头琴界出现过各种各样的新型马头琴,这给我们的统计带来了一定的困难。但有一点是清楚的,那就是中华人民共和国成立后的马头琴改革可以说从用料改革开始,其中主要的改革对象是琴箱、琴弦等的用料。

表 1-5 马头琴改革历程对照表

马头琴种类	研制时间	制作人/制琴厂	特点或相关说明	人物/著作
蟒皮马头琴	1958年	桑都仍	桑都仍老师为了防潮把羊皮换成了蟒皮	色·青格勒.试论马头琴的起源和发展.戏剧,1989(1).
尼龙丝琴弦马头琴	1962年		日本尼龙丝取代了旧的马尾琴弦,并以定音鼓皮面蒙面的马头琴也诞生了	齐·宝力高.马头琴与我.内蒙古人民出版社,2001;352.
铜轴马头琴	1962年	桑都仍	/	齐·宝力高.采访时间:2017.1.11.
木面马头琴	1962年	桑都仍	1962年……看见呼伦贝尔盟文工团……巴乙拉老师的用枫树做的琴之后受到了启发	色·青格勒.试论马头琴的起源和发展.戏剧,1989(1).
中马头琴和大马头琴	(20世纪)60年代初	桑都仍与周建雄	面背部都不蒙皮膜而蒙以薄木板……各有四条琴弦并都采用金属弦	边疆.蒙古族的马头琴.中国音乐,1984(1).
三根钢弦马头琴		桑都仍	/	高·青格乐图,扎米彦.黑利马头琴改革史况(b).草原歌声,2003.3.
蟒皮马头琴	1972年	/	/	齐·宝力高.马头琴与我.内蒙古人民出版社,2001;352.

马头琴种类	研制时间	制作人/制琴厂	特点或相关说明	人物/著作
膜板结合式（三弦）马头琴	（20世纪）70年代	吉林省歌舞团周润林等	在琴箱面板中间挖成椭圆形洞框,上面蒙以蟒皮,箱内支有音柱,指板为弧面,使用三条金属弦	边疆.蒙古族的马头琴.中国音乐,1984(1).
梧桐木面马头琴	1983年	齐·宝力高、段廷俊	把琴面改成梧桐木面,研制出琴体全部为木制的马头琴	齐·宝力高.马头琴与我.内蒙古人民出版社,2001:353.
木面、钢弦马头琴	20世纪80年代	达日玛、李福明、周印	/	达日玛,乌红星.马头琴的改革.乐器,1989(4).
钢弦、羊肠弦马头琴		巴·达日玛	显示了灵敏度更高、音色更佳、音量扩大的特点	阿·斯仁那达米德.马头琴的足迹与形制特色.中国音乐,1996(1).
白松琴面马头琴	1996年	齐·宝力高	/	齐·宝力高.马头琴与我.内蒙古人民出版社,2001:353.
"科尔沁牌"圆箱马头琴	2002年	张忠本、巴特	/	常清华."科尔沁牌"圆箱马头琴.乐器,2003(4).

正如表 1-5 所示,人们在马头琴的用料和形制结构方面做过多种改革,包括琴箱、琴弦、琴弓、琴轴的用料改革等。

此外,在地方艺术团体中和民间也有过各种改革尝试。如,桑都仍先生在"1962 年举行的全区文艺会展上看见呼伦贝尔盟文工团的青年马头琴手巴乙拉老师的用枫树做的琴之后受到了启发,决定立马把马头琴全部都用枫树制作"[29]。锡林郭勒盟西乌珠穆沁旗传统马头琴制作人孟斯仁接受采访时说:"我们这里也曾有过在皮面共鸣箱里安装音柱的马头琴。"⑦虽然这些改革成果多数未能普及下来,但改革者们为马头琴事业的发展注入的心血和努力是珍贵的。

经过多次改革后,梧桐面板和白松面板马头琴及中、大马头琴等各种新型马头琴被人们所接受甚至普及开来(图 1-31 至图 1-38)。而且随着木

⑦马头琴制作人孟斯仁访谈.时间:2017 年 5 月 12 日.地点:孟斯仁家里.

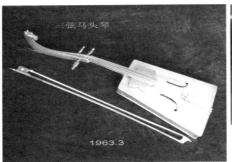

图1-31 乌审旗中国马头琴博物馆馆藏的"新中国首件木面马头琴"("1963年定做")

图1-32 1963年研制出的三弦马头琴（著名马头琴演奏家达日玛先生提供）

图1-33 乌审旗中国马头琴博物馆馆藏的"膜板共振蟒皮面三弦马头琴"("1963年")

图1-34 乌审旗中国马头琴博物馆馆藏的"定音鼓皮面马头琴"("20世纪60年代")

图1-35 乌审旗中国马头琴博物馆馆藏的"桐木面马头琴"

图1-36 乌审旗中国马头琴博物馆馆藏的"白松面板马头琴"("20世纪90年代")

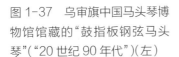

图1-37 乌审旗中国马头琴博物馆馆藏的"鼓指板钢弦马头琴"("20世纪90年代")（左）

图1-38 吉林省前郭尔罗斯蒙古族自治县中国马头琴之乡陈列馆馆藏的"大低音马头琴"（右）

面马头琴的发展,其种类日益增多。其分类的标准、依据也多种多样。如按声部可分为"高音""中音""次中音""低音""贝(倍)低音""金属弦低音""金属弦贝(倍)低音"7种(段廷俊),按品质可分为"高档琴""专业琴""普及琴"等,按琴箱的形制和制法可分"挖板琴"和"普及琴",按使用者还可以分为"成人琴"和"小孩琴"。"小孩琴"也可分为不同年龄段的孩子使用的琴。另外,按颜色、琴头形状等也可分出多种马头琴。这些意味着中华人民共和国成立后的马头琴改革不仅带来了新型木面马头琴,这种木面马头琴也已经历了一段发展历程。

通拉嘎在他的博士学位论文中,把中华人民共和国成立后的马头琴改革历程分成4个阶段,即"第一阶段:20世纪50年代初—1965年代中期;第二个阶段时间:20世纪70年代初—70年代中期;第三阶段:20世纪80年代初—21世纪初;第四阶段:21世纪初到现在"[5]65-68。这说明马头琴改革至今未停止。苏赫巴鲁先生对1983年之前的马头琴改革特点做过一次概括,他说:"这次革新还包括如下几点:1.为适应舞台演出的需要,把琴箱改成上窄下宽,便于夹在屈膝的小腿间、坐在凳上演奏。2.由于琴箱和演奏姿态的改变,琴颈增加了长度。3.由于琴箱、弦、弓等进行了多方面的改革,从而改变了原有的音高、音域、音量。4.由于演奏法的改革,提高了演奏效果。"[11]自1983年以来,人们对马头琴做过多次改革,也出现过电声马头琴等新型马头琴,这些改革的特点也有待归纳总结。

三、关于马头琴改革的几点问题探讨

如上所述,中华人民共和国成立后,马头琴经历过多次且"全方位"的改革,人们对此也给予了高度评价和赞赏,认为这是马头琴发展史上的一个辉煌的事件。笔者认为,过去的马头琴改革工作虽然很成功,但总结经验和存在问题的探讨方面做得还是有些欠缺。

(一)改革仍在继续

笔者在田野调查工作中了解到,马头琴制作人朝路等人正试图改革马头琴的多股尼龙丝琴弦。朝路接受采访时说:"尼龙弦需要改进,我们也在

研究,要改成一根弦或许更好。"⑧其实人们对马头琴琴弦的改革一直没有停止过,而且主要目的在于降低马头琴的杂音。如著名马头琴演奏家达日玛先生早在 1988 年发表的《关于马头琴改革的方案》(续)一文中谈及这一问题时就说:之前也有人尝试过用金属弦取代马头琴琴弦。……马头琴多股尼龙丝琴弦与弓毛摩擦出的声音不是一个声音(还是有杂音)。只是比起马尾丝琴弦杂音相对小了而已。所以我用金属弦(多根金属线外缠银线)代替了尼龙丝。[30]但由于换了金属弦后影响了马头琴原有的音色,所以当时这种金属弦马头琴也未能普及。

此外,笔者在田野调查中发现,巴彦淖尔市蒙古族中学青格利老师曾研制过"电声马头琴",并在 2008 年获得过国家专利,这便是进入 21 世纪后马头琴改革仍在继续的一个有力证据。马头琴制作人莫德乐图说,他也曾做过电声马头琴,但他觉得"电声马头琴用的是电吉他的感应器,出来的并不是马头琴真正的音色","造型不重要,关键是音色。对乐器来说,第一个是音色"⑨。图 1-39、图 1-40 为笔者在田野调查中拍摄到的两把"电声马头琴"。

图 1-39　乌审旗中国马头　图 1-40　巴彦淖尔市蒙古族中学
琴博物馆馆藏的"电马头琴"　教师青格利研制的"电声马头琴"

⑧马头琴制作人朝路访谈.时间:2017 年 4 月 8 日.地点:"朝路民族乐器厂".

⑨马头琴制作人莫德乐图访谈.时间:2017 年 5 月 31 日.地点:"苏和的白马民族乐器有限公司".

有意思的是,在乌审旗中国马头琴博物馆馆藏的"电马头琴"的"说明"里记录的年代为"2006 年",且"由集宁市教师青格乐发明并注册专利,其主要特点是在下琴码处安装的拾音器将琴弦振动转化为电子信号,连接效果器后可调制各种电子特效音色"。因为"青格乐"与"青格利"均是蒙古文"[tʃəŋgəl]"一字的音译,而且上面两把"电马头琴"(或"电声马头琴")的形制结构非常相似,所以,笔者推测乌审旗中国马头琴博物馆馆藏的"电马头琴"有可能就是巴彦淖尔市蒙古族中学青格利老师研制的"电声马头琴"。

著名马头琴演奏家齐·宝力高先生在谈及马头琴改革问题时认为:"无(毋)庸置疑,这种种改革发展和创新并非说马头琴已经发展到极限顶峰了,它所需要改革改进之处还不少。而是(而且——笔者)我认为这样的条件和可能性还是存在的。"[26]353 笔者认同这一说法,虽然我们很难准确判断未来的马头琴改革、发展趋势,但可以肯定地说,马头琴正在经历一个前所未有的变革时期。

(二)马头琴改革创造了辉煌

内蒙古艺术学院博特乐图教授对中华人民共和国成立后的马头琴改革工作给予了高度评价,他说:"经齐·宝力高等一批颇有天赋和胆识的音乐家的努力,无论是形制还是表演空间、技法和曲目方面,马头琴改革取得重大成功,创造了蒙古族乐器史上的辉煌。现代马头琴的成功,让人看到了'改革'所带来的巨大收益。人们坚信'改革'的合理性,虽然在技术问题上也有持不同意见者,但是对于'改革''改进'的问题大家却从未产生过任何异议。"[4]据笔者目前收集到的资料,除博特乐图教授外,还有不少专业人士对马头琴的改革做过此类的评价,详见表 1—6。

从"全面改革创新"、"全方位改革"和"科学性改革"、"实质性革新",以及"重大成功"、"巨大的变革"和"巨大收益"等字眼我们可以很清楚地看出人们对中华人民共和国成立后的马头琴改革工作的高度认可与赞扬。

表1-6 对马头琴改革的部分评价

著作及其作者	关于改革者的评价	关于改革的评价
齐·宝力高. 马头琴与我. 内蒙古人民出版社,2001:352.	桑都仍与张纯华——首次对马头琴进行了全面改革创新	
通拉嘎. 蒙古族非物质文化遗产研究——马头琴及其文化变迁. 中央民族大学博士学位论文,2010:65. 65. 41.	色拉西的乐器改革,虽然以失败告终,却揭开了马头琴改革的序幕	
	马头琴改革的正式起步,是从……桑都仍开始的。他和制琴家张纯华先生合作,对马头琴进行一场全方位改革,触及到所有的基本课题	
	以齐·宝力高为代表的第二代马头琴演奏家群体……无论在乐器形制、制作工艺……他们对马头琴做了全方位的改革,从而将马头琴的规范化、专业化程度大大推进了一步	
白·达瓦. 马头琴源流小考. 内蒙古社会科学,1986(1).	/	新中国成立后对马头琴又进行了多次科学性改革工作,在马头琴的制作规范化、演奏技术的系统化等各方面都取得了很大成果
阿·斯仁那达米德. 马头琴的足迹与形制特色. 中国音乐,1996(1).	马头琴演奏家和形制改革家桑都仍	/
柯沁夫. 马头琴源流考. 内蒙古大学学报(人文社会科学版),2001(1).	/	马头琴的实质性革新是在中华人民共和国成立以后
布林巴雅尔. 概述马头琴的渊源及其三种定弦五种演奏法体系. 内蒙古艺术,2011(2).	/	内蒙古自治区成立以后……仅此近半个世纪的发展变化远远超过了它以往千年的历史发展变化

著作及其作者	关于改革者的评价	关于改革的评价
瑟·巴音吉日嘎拉.马头琴荟萃(导言).内蒙古人民出版社,2010.	/	回顾历史,自上(20)世纪中、晚期起马头琴开始走向自己的发展巅峰
色·青格勒.试论马头琴的起源和发展(b).戏剧,1989(1).	桑都仍老师……用料、工艺、结构形制……全范围的改革	/
博特乐图.分"形"归"类",保护民族乐遗产——再谈抄儿、马头琴、抄儿类乐器及其保护问题.内蒙古大学艺术学院学报,2007(3).	/	马头琴改革取得重大成功,创造了蒙古族乐器史上的辉煌。现代马头琴的成功,让人看到了"改革"所带来的巨大收益
何苗.马头琴结构及制作艺术的发展.黑龙江民族丛刊,2016(4).	色拉西——马头琴艺术改革的引领者	/
李旭东,乌日嘎,黄隽瑾.马头琴制作工艺的田野调查——以布和的马头琴制作工艺为例.内蒙古大学艺术学院学报,2015(3).	/	这在马头琴的发展史上无疑是一个巨大的变革。至此,在内蒙古的大多数制作者中,制作这种形制的马头琴成为了主流

(三)在马头琴改革中需要保护的是什么?

通拉嘎博士在其博士学位论文中说:"马头琴从传统向现代变迁,其本质属性并未发生根本变化,只是在一件民间乐器(中——笔者)逐渐增加了'具有现代品格的专业乐器'的特征。"[5]14 那么,马头琴的"本质属性"是什么,或者说在改革工作中不能改变的是什么?据笔者观察,对于这一问题人们的回答基本上都集中在马头琴"原有的音色"和"独特的演奏技法"上,见表1-7。

表 1-7 关于马头琴"本质属性"和改革准则的部分看法

著作/人物	需要保护和保留的
色·青格勒.试论马头琴的起源和发展.戏剧,1989(1).	马头琴的特色在于它的独特的演奏风格、技巧上。而不是对马头琴进行改革就失去这一特色
达日玛,乌红星.马头琴的改革.乐器,1989(4).	我们为在马头琴上使用金属弦设定一个前提:一要保留演奏方法;二要保留马头琴的音色与民族风格,同时避免跑弦及杂音
高·青格乐图,扎米彦.黑利马头琴改革史况(b).草原歌声,2003(3).	在马头琴的改革过程中,桑都仍先生把主要心思和努力都用在了在改革中保护马头琴原有的音色方面。布和同志……提出"……不能改变其原有的音色"的建议
李旭东.马头琴制作工艺及对艺术表现之影响.内蒙古大学硕士学位论文,2014.	无论其名称和外形怎样变化,却在乐器声学特征与演奏方式上有着本质上的相同之处。在之后的马头琴改革中,这两方面的考量成为保持民族乐器特色的核心标准
马头琴制作人布和 (采访时间:2017年12月17日)	马头琴永恒不变的一个要求……最后看的就是音色,要保留马头琴的音色。
潮尔/马头琴制作人巴特 (采访时间:2018年2月12日)	光照老传统干,那琴还能用吗? 但……不能离开它那个原生态的音色,离开了那就不叫潮尔了。保留原有的DNA 或者基本上是潮尔的原声,那就成功了

从表 1-7 中能看出,在不少马头琴制琴人、学者和演奏家及相关领导看来,马头琴的形制结构和用料、尺寸等是可以改的,而不能改的是马头琴"原有的音色"、"乐器声学特征"和"演奏方法、技巧"。由此我们可以看出,前人对马头琴进行改革时并没有随意进行改革,而是在有些关键问题上持非常谨慎的态度。这也许是新中国成立后马头琴改革取得成功的一个关键所在。

对一种乐器来讲,声学特征、原有的音色和独特的演奏技巧等固然很重要,但笔者觉得在马头琴改革中随着材质、形制结构、尺寸比例的改革,马头琴的音色早已不是"原有的音色"了。从严格意义上讲,这种音色只能说是接近"原有音色"的一种新音色。中华人民共和国成立后,马头琴同样添加了一些新的演奏技巧,如著名马头琴演奏家齐·宝力高的马头琴演奏中就有小提琴的一些演奏技巧。人们常说的"调弓"等演奏技巧是"经过改革后才有的新的马头琴演奏技巧"。所以,笔者觉得马头琴改革准则需要再细化,应该针对不同种类的马头琴制定不同的改革准则。这样既能保护好不同种类的马头琴,又能使马头琴改革工作更加顺利、更加科学。

总之,总结半个多世纪以来的马头琴改革经验,再制定更加细化的、科学的改革准则或"核心标准",这才是马头琴制作人和演奏者及相关部门需要认真讨论的问题,因为这会直接影响今后马头琴的改革工作。

综上所述,虽说在马头琴起源问题方面至今仍存在一些争议,但可以说马头琴自从诞生的那天起就一直在不断地演变。尤其在新中国成立后,人们对马头琴进行了多方面的改革,并研制出了木面马头琴和电声马头琴等多种新型马头琴。这种形制、结构和用料、尺寸和制作道具等的变化不仅导致了马头琴原有音色的变化,也丰富了马头琴的制作技艺。马头琴制作技艺及其演变历程也正是本书的研究重点。

参 考 文 献

[1] 陈岗龙.蒙古民间文学比较研究[M].北京:北京大学出版社,2001.

[2] [丹麦]亨宁·哈士纶.蒙古的人和神[M].徐孝祥,译.乌鲁木齐:新疆人民出版社,1999:325.

[3] 特古斯巴雅尔.悠扬源自《天马引》:马头琴传说的滥觞[J].内蒙古大学学报(哲学社会科学蒙古文版),2010(1):60-70.

[4] 博特乐图.分"形"归"类",保护民族器乐遗产——再谈抄儿、马头琴、抄儿类乐器及其保护问题[J].内蒙古大学艺术学院学报,2007(3):11-14.

[5] 通拉嘎.蒙古族非物质文化遗产研究——马头琴及其文化变迁[D].北京:中央民族大学,2010.

[6] 勒·照日格图巴特尔,嘎·查达日巴拉.神奇的飞骏马(b)[J].内蒙古艺术(蒙古文版),2012(1):18-23.

[7] 苏赫巴鲁.火不思——马头琴的始祖[J].乐器,1983(5):6-7.

［8］道尔加拉,周吉.叶克勒曲选[M].乌鲁木齐:新疆人民出版社,1990:34.

［9］柯沁夫.马头琴源流考[J].内蒙古大学学报(人文社会科学版),2001(1):69-75.

［10］张劲盛.变迁中的马头琴——内蒙古地区马头琴传承与变迁研究[D].呼和浩特:内蒙古师范大学,2009:23-24.

［11］苏赫巴鲁.火不思——马头琴的始祖(续)[J].乐器,1983(6):7-8.

［12］郑月锋,胡阿菁,仪德刚.民族乐器火不思源流及制作工艺调查[J].内蒙古师范大学学报(自然科学汉文版),2015(6):846-855.

［13］云丹.蒙古四胡制作工艺研究[D].呼和浩特:内蒙古师范大学,2011.

［14］李旭东.马头琴制作工艺及对艺术表现之影响[D].呼和浩特:内蒙古大学,2014.

［15］白·达瓦.马头琴源流小考[J].内蒙古社会科学,1986(1):43-45.

［16］项阳.中国弓弦乐器史[M].北京:国际文化出版公司,1999:196.

［17］柯沁夫."潮尔"汉语音译的规范问题[J].内蒙古大学艺术学院学报,2009(2):72-74.

［18］乐声.中国少数民族乐器[M].北京:民族出版社,1999:418.

［19］布林巴雅尔.概述马头琴的渊源及其三种定弦五种演奏法体系[J].内蒙古艺术,2011(2):123-128.

［20］陈晓芳.蒙古族传统弓弦乐器潮尔的初探[D].长春:东北师范大学,2013:11.

［21］阿·斯仁那达米德.马头琴的足迹与形制特色[J].中国音乐,1996(1):56-57.

［22］格日勒扎布.叶克勒与马头琴之比较研究[J].卫拉特研究,1995(2):60-63.

［23］胥必海,孙晓丽.马头琴源流梳证[J].四川文理学院学报,2011(3):120-123.

［24］额尔顿布和.潮尔和马头琴的起源发展与特点之比较研究(蒙古文版)(b)[J].中国蒙古学,2014(2):65-71.

［25］高·青格乐图,扎弥彦.黑利马头琴改革史况(蒙古文版)(b)[J].草原歌声,2003(3):15-16.

［26］齐·宝力高.马头琴与我[M].呼和浩特:内蒙古人民出版社,2001.

［27］李旭东,乌日嘎,黄隽瑾.马头琴制作工艺的田野调查——以布和的马头琴制作工艺为例[J].内蒙古大学艺术学院学报,2015(3):44-52.

［28］张劲盛.中蒙两国马头琴音乐文化交流史与现状调查分析[J].音乐传播,2014(3):103-111.

［29］色·青格乐.试论马头琴的起源和发展(蒙古文版)(b)［J］.戏剧,1989(1):96-109.

［30］博·达日玛班扎日.关于改革马头琴的方案（续）(蒙古文版)［J］.草原歌声,1988(1):3-5.

备注:文章里引用的部分蒙古文著作没附汉译标题和作者姓名,所以在注释里用(b)来标记"笔者试译"部分。

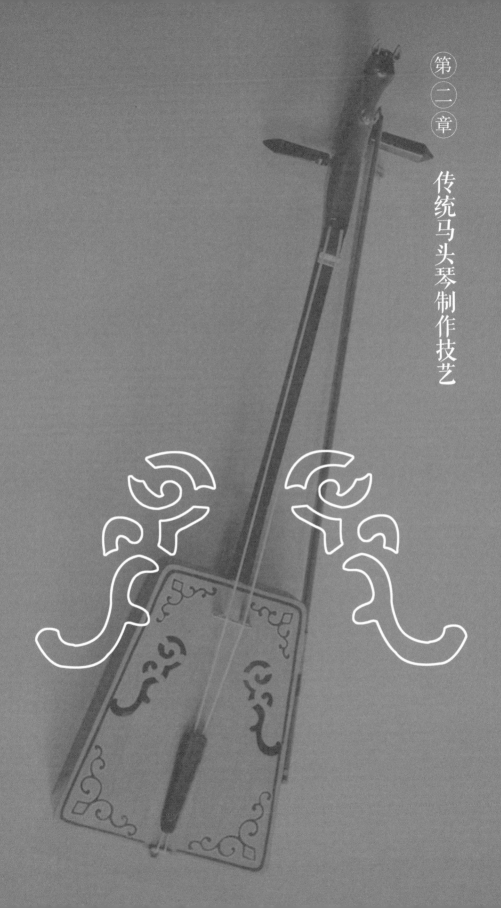

随着马头琴的改革,在马头琴界出现了"传统马头琴"和"现代马头琴"等一些新的名词。乍一看,这似乎是按历史时期来划分的一种分类法,但这里所说的"传统马头琴"主要指以马尾丝做琴弦的皮面马头琴,"现代马头琴"指的是中华人民共和国成立以后研制的一些新型马头琴(多为尼龙丝琴弦木面马头琴)。

在"传统马头琴"和"现代马头琴"的称谓和"分水岭"等问题上,人们的看法也存在一些差异。如,有人曾把"传统马头琴"称为"近代马头琴""原始的马头琴""早期马头琴"[1],也有人曾把"现代马头琴"称为"当代马头琴"[2]等。尽管如此,如今"传统马头琴"和"现代马头琴"这些称谓已被人们普遍接受。关于"传统马头琴"和"现代马头琴"的"分水岭"问题,有人说"许多从事这个行业的人一般将齐·宝力高全面改革后的马头琴称之为现代马头琴,而将之前的所有种类的马头琴称之为传统马头琴"[2]。但也有人主要根据马头琴的琴箱结构(用料)和琴弦等把马头琴分为"传统马头琴"和"现代马头琴",如通拉嘎在其博士学位论文中把桑都仍和张纯华在1962年共同研制的"透明牛皮蒙面"的"第一代改革马头琴"视为传统马头琴与现代马头琴的"分水岭"[3]66。显然他并没有把"透明牛皮蒙面"马头琴视为"传统马头琴"。

影响一种乐器音质、音色的因素有很多,如用料和形制结构及各零部件的具体尺寸等。对马头琴来说,琴弦和共鸣箱用料是直接影响音质、音色的两个主要因素。所以用现代尼龙丝或金属弦做琴弦的马头琴无疑是具有现代属性的新型马头琴。桑都仍和张纯华等老前辈们所改革的马头琴终究还是没能普及,所以现在人们所说的"现代马头琴"更多的是指在他们改革的基础上经过"全面改革"后形成的现代木面马头琴。笔者认为,中华人民共和国成立后,人们改制的多种"新型马头琴"由于种种原因都未能普及,因此把中华人民共和国成立后的30年可视作"现代马头琴"的"孕育期"。

"现代马头琴"的诞生并不意味着传统皮面马头琴完全被现代木面马头琴所取代。因为直到如今,仍有一些人喜欢使用和制作以马尾丝做琴弦的传统皮面马头琴。而且在中国内蒙古、蒙古国等地各级博物馆和民间仍有很多件传统马头琴实物。这为传统马头琴制作技艺的研究提供了很宝贵的资料基础。

要厘清传统马头琴制作技艺发展历程需要对相关文献记载的梳理及对传统马头琴制作技艺进行调查、记录，并结合传统马头琴实物进行研究等工作。但目前已发现的有关传统马头琴制作技艺的文献史料非常少，这给厘清传统马头琴制作技艺发展历程工作带来了一定的难度。

虽然""和"马头琴"这两个称谓以文字形式出现的时间较晚，但马头琴必定有作为它"前身"的两弦弓弦乐器(只不过那时不叫""或"马头琴")。这种两弦弓弦乐器可能叫"胡琴(马尾胡琴)"，也可能叫"奚琴""潮尔""叶克勒""勺子琴"等。所以本章先简单对比分析跟这些乐器制作技艺有关的部分文献记载。

第一节

作为马头琴"前身"的部分两弦弓弦乐器制作的文献对比

一、"胡琴"(或"马尾胡琴")制作的文献对比

关于胡琴形制结构和制作技艺的文献资料相对多一些。表2-1为部分文献记载对比。

表 2-1　有关"胡琴"或"马尾胡琴"制作部分文献对比

文献	记载
《梦溪笔谈》(转引自《马头琴源流小考》)	马尾胡琴随汉车，曲声犹自怨单于。弯弓莫射云中雁，归雁如今不寄书
《南部新书》(转引自《马头琴源流考》)	韩晋公入蜀，伐奇树，坚缜如紫石。匠曰："为胡琴槽，它木不可并"，遂与二琴：大曰大忽雷，小曰小忽雷。后献于德皇
《番王按乐图》(转引自通拉嘎.蒙古族非物质文化遗产研究——马头琴及其文化变迁. p.38)	……画面上有一位蕃王，髭发，胡服，正在演奏胡琴。乐器有四根弦，形状酷似火不思。但值得注意的是，番王不是在弹拨琴弦，而是右手持弓，擦奏琴弦，显然是一件弓弦乐器。它应该是元朝宫廷中"制如火不思"胡琴的前身，应该尚处于向两根弦的过度(应为"渡"——笔者)阶段
《元史·乐志》中华书局.1976:1772.	胡琴，制如火不思，卷颈，龙首，二弦，用弓掞之，弓之弦以马尾

续表

文献	记载
《清史稿》卷一百一 中华书局,1976:3000.	胡琴,刳木为质,二弦,龙首,方柄。槽椭而下锐,冒以革。槽外设木如簪头以扣弦,龙首下为山口,凿空纳弦,绾以二轴,左右各一。以木系马尾八十一茎轧之
《文献通考》(转引自《马头琴源流小考》)	胡琴……刳木为体,龙首方柄,槽椭而下,锐冒以革
《清朝续文献通考》(二)(转引自《概述马头琴的渊源及其三种定弦五种演奏法体系》)	(胡琴)……琴筒上蒙皮,全长三尺二分三厘、琴杆长一尺三寸六分五厘,上端宽二寸三分,厚九分七厘,琴筒长一尺二寸五分四厘,宽七寸二分九厘,背面厚三寸五分二厘,侧面厚五分三厘,琴筒下端插有细木扣将琴弦绷紧。龙头长四寸五厘,宽一寸六分一厘,厚三寸二分四厘,后面的空孔长二寸二厘,宽三分,琴抽于左右距上端各三寸八分四厘长,琴共鸣箱表面上端宽处立起琴码,舒气口相距二尺二寸三分,弓子长二尺六寸一分九厘,上系马尾演奏
《大清会典图》(转引自通拉嘎.蒙古族非物质文化遗产研究——马头琴及其文化变迁.p.39)	(胡琴)龙首长四寸零四厘,阔一寸六分六厘,厚三寸二分四厘。颈长一尺三寸六分五厘。上阔八分一厘,下阔二寸三分。腹长一尺二寸五分四厘。阔七寸二分九厘。背脊厚三寸五分二厘,弦度长二尺二寸三分(自山口至弦柱)。木杆长二尺六寸一分九厘,系马尾八十一茎
《皇朝礼器图式》(转引自《马头琴源流考》)	本朝定制燕飨筕吹乐胡琴,刳木为髹,以金漆龙首,方柄,槽椭而锐,冒以革,后有棱,二弦

从表 2-1 可以看出,多数文献资料对"胡琴"的形制结构和用料及尺寸均做过描述,但对其制作技艺几乎都"避而不谈"。

由于在不同的历史时期"胡琴"的含意及所指都不同,所以历史上的"胡琴"的形制结构和具体尺寸也是多种多样的。如《番王按乐图》中的胡琴就与其他文献里的胡琴有所不同,它是"形状酷似火不思"的"四根弦"的弓弦乐器。

虽然在马头琴起源研究方面"胡琴说"有一定的影响力,但"胡琴说"毕竟也属于推测。所以在此先讨论在形制结构方面与当今马头琴更接近的二弦弓弦胡琴的形制结构和用料及制作技艺问题。

据《南部新书》记载,制作胡琴有"它木不可并"的奇树,这种木料"坚缜如紫石"。我们虽然不知道这种"奇树"具体指的是什么树,但可以确定的是一种硬木料,并且它最适合制作胡琴。

《元史》中的"胡琴"形似火不思,卷颈、龙首、二弦,弓毛为马尾。但目前还不知这种胡琴的用料、尺寸和具体制作过程。

清代《清史稿》《文献通考》等文献对"胡琴"形制结构的描述较为详细些,并且对胡琴用料和制作技艺方面也做过简单描述。这几部文献中的胡琴同样都"龙首、方柄、二弦",槽"椭而下锐,冒以革"。龙首有金色的。据《清史稿》中的描述,当时的胡琴有两个轴,而且是左右各一。琴弦是从龙首下的"山口"到琴箱底部。另"以木系马尾八十一茎轧之"。琴体均为"刳木"而制。

《清朝续文献通考》和《大清会典图》中对胡琴具体尺寸都有描述,并在《清朝续文献通考》等部分文献史料中还附了胡琴图(琴头非"龙首")。这些对想要了解胡琴形制结构、尺寸比例和制作技艺的人们来说尤为难得(见图 2-1、图 2-2)。

除了文献史料外,古代文学作品里也有关于胡琴的描述。如元代晚期诗人杨维桢(1296—1370 年)《铁崖先生古府》卷二《张猩猩胡琴引》序云:"胡琴,亦古月琴之遗制也,教坊弟子工之者众矣,而称绝者甚少。独胡人张猩猩者绝妙,于是时过余索金刚瘿(胡琴名)作南北弄。故为制胡琴引。"诗云:"张猩猩嗜酒复嗜音,春云小宫鹦鹉唅,猩猩帐底轧胡琴。一双银丝紫龙口,泻下骊珠三百斗。……划马火豆爆绝弦,尚觉莺声在杨柳。道人春梦飞

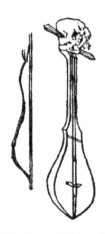

图 2-1 《皇朝礼仪图式》中记载的胡琴
(通拉嘎博士学位论文插图)

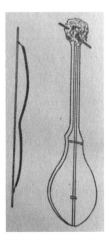

图 2-2 《清朝续文献通考》(二)卷一百
九十四乐七(9413 页)中的插图

蝴蝶,手弄金瓢(即金刚瘿也)合簧叶。张猩猩手如雨,面如霞,劝尔更画双叵罗,白头吴娥年少词,金刚悲啼奈乐何。"柯沁夫先生认为"这名为'金刚瘿'的月琴之遗制胡琴,当然是用楠木制成、瓢形;而于紫龙口中纳双弦,演奏方法为'轧',显然是二弦忽雷式潮兀尔胡琴"[4]。文学作品是富有想象力的艺术作品,从严格意义上来讲,不能用它来作为科学依据。但这里描述的"瓢形""龙口中纳双弦""演奏方法为'轧'"等特点却与上述胡琴文献记载比较相似。这证明在胡琴制作技艺及其演变史研究中这些文学作品也有参考价值。

二、"奚琴"制作的文献对比

在马头琴起源说里,"奚琴说"有一定的影响力。下面我们来看有关"奚琴"制作的部分文献记载并做一简单对比分析,见表2-2。

表2-2　有关"奚琴"制作部分文献对比

《乐书》(转引自《马头琴源流小考》)	奚琴本胡乐也,出于弦鼗而形亦类焉,奚部所好之乐也。盖其制,两弦间以竹片轧之,至今民间用焉
《乐学轨范》	奚琴,以黔檀花木(刮青皮)或乌竹、海竹马尾弦,用松脂轧之
《清史稿》卷一百一中华书局,1976:2999.	奚琴,刳桐为质,二弦。龙首,方柄。槽长与柄等。背圆中凹,覆以板。槽端设圆柱,施皮扣以结弦。龙头下唇为山口,凿空纳弦。绾以两轴,左右各一,以木系马尾八十一茎轧之
《文献通考》(转引自《马头琴源流小考》)	奚琴二弦刳桐为体,龙首方柄,长槽背圆……马尾八十一茎

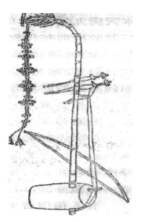

图2-3 《乐学轨范》中记载的奚琴图片(通拉嘎博士学位论文插图)

宋人陈旸《乐书》中的"奚琴"出于"弦鼗而形亦类焉",而且"盖其制,两弦间以竹片轧之"。从"盖其制"几个字很难判断盖的是什么材质,而且这类两弦乐器的一个特点是以"竹片"擦琴弦。

朝鲜音乐理论名著《乐学轨范》中的记载主要描述奚琴用料,在文献中还附了奚琴图(图2-3)。

从图2-3来看,这类两弦乐器的琴箱是筒状的,在形制结构方面更接近如今的二胡、四胡琴桶,所以暂且还不能断言这种奚琴就是马头琴的"前身"。

而清代两部文献里的描述与《乐书》和《乐学轨范》有些不同,并且这两部文献里的记载有很多相似之处。首先,"奚琴"的形制结构均有"二弦、龙首、方柄""长槽背圆"等共同特点。其次,弓毛都由"马尾八十一茎"组成。更重要的是,琴体均用桐木制作,而且都"刳桐为体"。有意思的是,这种"奚琴"的形制结构和琴体的制作方法与上述几部清代文献里的"胡琴"相关记载极为相似。

从这些记载可以看出,清朝时期的"胡琴""奚琴"类两弦弓弦乐器制作中"刳木而制"的方法是较为普遍使用的。

三、"叶克勒"制作的文献对比

比起"胡琴""奚琴","叶克勒"是现在仍有人在用的两弦弓弦乐器。其形制结构与当今马头琴非常相似。但从笔者目前收集到的资料来看,有关"叶克勒"制作技艺的文献记载也不多。

有学者认为,"伊奇里"、"黑利(黑力)"和"叶克勒"是同一种乐器的称谓,只存在方言之别。的确,在蒙古语里这几个称谓的读音非常接近。此外,也有学者认为"伊奇里呼尔('呼尔'即琴)"是"叶克勒"的"前身"。关于"伊奇里呼尔"的形制结构与用料等在《皇舆西域图志》中有记载:"伊奇里呼尔,即胡琴也。以木为槽,面冒以革……施二弦,以马尾为之。别以木为弓,以马尾为弓弦,以弓弦轧双弦以取声。"[4]显然,这种"伊奇里呼尔"的形制结构与上述部分文献里的两弦弓弦乐器——"胡琴""奚琴"的形制结构很相似。

通拉嘎在其博士学位论文中附了阿拉善右旗民间艺人淖尔吉玛老人收藏的一件"伊奇里"胡尔(图2-4)。

笔者于2017年4月17日也曾前往内

图2-4 "内蒙古阿拉善盟额济纳右旗民间艺人诺日吉玛与她的伊奇里"(通拉嘎博士学位论文插图)

蒙古阿拉善右旗拜访过淖尔吉玛老人。当时她对笔者说，那是一把"ᠬᠠᠷᠠ [xiːl] ᠮᠣᠷᠢᠨ ᠬᠤᠤᠷ"（音译为"黑力莫林胡尔"或"黑利莫林胡尔"或许更准确一些。"莫林胡尔"即马头琴）。据淖尔吉玛老人讲，那把琴约有 100 年的历史，是蒙古国名为 ᠬᠠᠩᠭᠠᠢᠴᠢᠮᠡᠳ [xaŋgaitʃiməd]（杭盖其木德）的人给她哥哥做的琴。

这把琴有两个显著的特点：一是无琴头，二是琴箱正反面都有蒙皮。遗憾的是，当时由于种种原因未能记录这种琴的制作过程，只记录了其尺寸比例并录制了淖尔吉玛老人拉的《ᠵᠣᠨᠣᠩ ᠬᠠᠷᠠ（卓能哈拉）》等两首曲子。

图 2-5 至图 2-7 为淖尔吉玛老人的"ᠬᠠᠷᠠ ᠮᠣᠷᠢᠨ ᠬᠤᠤᠷ"，具体尺寸见表 2-3。

图 2-5 ᠬᠠᠷᠠ ᠮᠣᠷᠢᠨ ᠬᠤᠤᠷ　　图 2-6 琴头　　图 2-7 琴箱背面

表 2 - 3　淖尔吉玛老人的"ᠬᠠᠷᠠ ᠮᠣᠷᠢᠨ ᠬᠤᠤᠷ"的具体尺寸

部位		尺寸	备注
总长度		1080 毫米	
琴杆	宽度	25 毫米（"山口"以上一面部宽度：25 毫米，背部宽度：15 毫米 ）	琴杆为四方形
	厚度	25 毫米	
琴轴	长度	155 毫米	琴轴为五面体
	两个琴轴间的距离	55 毫米	
	上面琴轴与琴杆上端间的距离	105 毫米	
	下面琴轴到"山口"的距离	55～60 毫米	
	直径	里：30 毫米，外：20 毫米	

马头琴制作技艺研究与传承

050

续表

部位				尺寸	备注
琴箱	高度			280毫米(中间部位:278毫米)	无音孔
	宽度			上宽:235毫米;下宽:250毫米	
	厚度			65毫米左右	
	上插孔			上侧板106~132毫米的位置	
	尾孔			下侧板120~140毫米的位置(宽20毫米)	
琴码	上码	长度		25毫米	
		厚度	里	10毫米	
			外	6毫米	
	下码	长度		70毫米	下码的位置:离上侧板70毫米左右,离下侧板210毫米左右
		厚度	里	10毫米	
			外	5毫米	
	上、下码间的距离			470毫米	
弓子	总长度			775毫米	弓弦为白色马尾丝
	弓弦长度			690毫米	

其实,如今看到的"叶克勒"琴箱基本都是梨形琴箱,但这把琴的琴箱显然不是梨形,而是方形。所以"伊奇里"、"黑利(黑力)"和"叶克勒"之间到底是什么样的关系,或者它们的发展历程是怎么样的等一系列问题也需要进一步的研究。

关于"叶克勒"的名称、形制结构、用料和制作技艺,前人也做过一些记录和研究。如柯沁夫先生《马头琴源流考》一文记载,叶克勒亦称"满达拉希"[4]。阿·斯仁那达米德在《马头琴的足迹与形制特色》一文中把"伊克利(即叶克勒)"视为马头琴的一种,说"伊克利。……其共鸣箱状如半梨。也有'锡纳干潮尔'之异称。共鸣箱正面蒙鱼皮,琴头无装饰性雕物。除共鸣箱形状与潮尔有差异外,其定弦音程度数、演奏指法等两者皆同"[5]。此外,《叶克勒曲选》和《叶克勒与马头琴之比较研究》等著作也对"叶克勒"的形制结构、用料和制作技艺做了较为详细的描述。如《叶克勒曲选》的"前言"中记录:"其制作方法是先在整块木料上挖出整个琴身,然后再在挖空的音箱上复(应为'覆'——笔者)盖山羊羔皮。叶克勒的琴柄无品位,空洞的长方形琴头上,绘有本部落、苏木徽号。琴弦是用粗细不同的两根老马尾做成的。叶克勒有两个木制琴码和两个琴轸,用弓毛松软的半月形琴弓演奏。"[6]格日勒扎布在其《叶克勒与马头琴之比较研究》中认为,"黑力"同"叶克勒",并引用《叶克勒曲选》中的介绍说:"琴身多用盛产于哈纳斯湖畔的沙古都力(夏尔朗)或红松等轻质木料制作。长半球形音箱由整块木料挖槽而成,上复(覆——笔者)山羊羔皮、马驹后腿根内侧及母马胸乳部等薄质皮料或哈纳斯湖特产的大红鱼皮。作为共鸣箱面膜除常见的胶粘以外,常用牛皮筋绕绑固定在箱面者。琴柄与共鸣箱连为一体,下部稍宽,无品位。直颈琴头为背面空洞的长方形,左右各有琴轴一根,上栓(拴——笔者)粗细不同的马尾弦两根。木质桥形琴码置于共鸣箱膜面下方的三分之一处,其

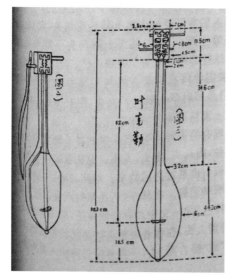

图 2-8 "新近发现的叶克勒"形状与尺寸(《叶克勒与马头琴之比较研究》一文插图)

上方常搁置一块石片或金属片以改善音色。弓杆用柳木或苇杆(秆——笔者)制作,上挂松软马尾弓毛。琴身通体除在头部绘有本部落、苏木的徽号外,无任何装饰,也不涂任何面料。民间流传的叶克勒,多由牧民自己制作,故形制多有变异,规格大小不一。"[7]不难发现,这类"叶克勒"的形制结构及其制作方法与上述两弦"胡琴""奚琴"等也有很多相似之处。

格日勒扎布在文章中还附了叶克勒的结构和具体尺寸比例图(图 2-8)。

四、潮尔制作的文献对比

关于潮尔和马头琴的关系问题在学界有"潮尔即马头琴""同源异流"等不同看法。在笔者看来,这种辩论其实也在说明潮尔与马头琴在形制结构等方面有很多相似之处。

虽然在文献史料中早已出现过"潮兀尔"等乐器称谓,但有关弓弦潮尔

形制结构和制作技艺的文献资料却不多。所幸的是,潮尔这种传统乐器至今在民间仍有流传,学者们对其形制结构、尺寸比例及用料和制作技艺等也做了一些记录和研究。如,柯沁夫先生在其《马头琴源流考》一文中说:"潮兀尔本是民间乐器,均由民间艺人根据地理环境、自然条件以及部族审美情趣、个人爱好和技术水平而自行制作,因而也自然出现形制和名称不同、定弦与演奏方法各异的潮兀尔。就音箱形状而言,就有椭圆瓢形(葫芦形),上椭下锐勺形、锹形或下椭上锐的梨形,上窄下宽的梯形或上宽下窄的倒梯形以及长方形;至于琴首,更是千姿百态,有人首、马首、龙首、雁、鹿、狮、猴、螭、鳌、怪兽、骷髅头,及至螭与龙、龙与马、螭与骷髅的双头,以及无头……等。"[4]此外,在著名潮尔、马头琴演奏家布林巴雅尔先生的《概述马头琴的渊源及其三种定弦五种演奏法体系》等文章中均有相关描述,在此就不一一举例介绍了。

总之,作为同类乐器的潮尔与传统马头琴无论在形制结构、用料还是在制作技艺等方面都有很多相似或相同之处。

其实人们对传统皮面潮尔也做过很多次改革。如,马头琴制作人色登老人接受笔者采访时说:"我曾经给美丽其格老师用杨树做过一把潮尔。音色还不错。……杨树的种类很多。在岩石上长的杨树比枫木还硬。"①此外,内蒙古自治区级潮尔制作技艺传承人巴特师傅在布林巴雅尔等演奏家的帮助之下曾研制过"板面潮尔",并在 2007 年获得了国家专利。这种新型潮尔在形制结构和用料等方面与现代木面马头琴更为相似。如,把共鸣箱皮面改为薄木板,在共鸣箱里设音柱、音梁,木轴上配用木面马头琴的铜轴,琴弦改为尼龙丝,弓子换成现代马头琴琴弓,等等。这些相同的形制结构与用料,使"板面潮尔"和"木面马头琴"制作技艺更为相似。

综上所述,被学者们认为马头琴"前身"的这些两弦弓弦乐器的形制结构、用料、尺寸和制作技艺等对马头琴制作技艺演变历程研究无疑都具有重要的价值。但正如以上所交代的,这方面的专记史料并不多,而弥补这一点显然还需要文献资料的进一步发掘和全范围的田野调查等工作。

①马头琴制作人色登访谈.时间:2017 年 3 月 26 日.地点:色登家里.

第二节

传统马头琴制作的文献对比

一、文献记载对比分析

"𐌀𐌀𐌀𐌀"和"马头琴"这些称谓以文字形式出现的时间较晚,所以针对"𐌀𐌀𐌀𐌀"和"马头琴"制作技艺的专记史料更是少之又少。

根据笔者目前所搜集到的资料来看,对传统马头琴的形制结构和用料等在鸟居君子、亨宁·哈士纶、格·巴达拉夫等国外学者和探险家及国内部分学者的著作里做过一些相关描述。

日本学者鸟居君子在昭和二年(1927年)出版的《土俗學上より觀たる蒙古》一书中以图文并茂的形式介绍了一个叫"巴彦阁日"(バイングル)的村子里所见到的马头琴。书中说:顶端雕着一个马头……镶着一个用皮子做的马耳朵……,琴杆是桦木作的,……把弓插在两根弦中间。[8]

对这一记录,学者们也持有不同的看法。如,柯沁夫先生在《马头琴源流考》一文中认为:"……文中所描述的究竟是何种乐器尚很难说,因为潮兀尔与马头琴的弓,不可能'插在两根弦中间'。"[4]《马头琴源流梳证》一文中也认为这里的有关马头琴形制的描述"错误连篇漏洞百出"[9]。显然,学者们的质疑主要集中在"把弓弦插在两根弦中间"这一句上。这里有两种可能:其一,就像学者们所说的那样,鸟居君子的描述确实有误;其二,当时鸟居君子看到的也有可能是另一种两弦乐器,只是琴头也是"马头"而已。

笔者认为书里的"把弓弦插在两根弦中间"等描述可能实属对马头琴的错误描述。因为在《土俗學上より觀たる蒙古》一书中的几张马头琴插图给我们提供了较为可靠的依据。图2-9、图2-10为《土俗學上より觀たる蒙古》一书中的"马头琴(胡琴)"。

显然,当时鸟居君子所看到的马头琴中也有琴体和弓子分开式的琴。

鸟居君子在《土俗學上より觀たる蒙古》一书中对当时喀喇沁王府的

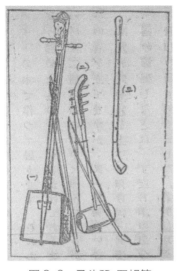

图2-9　马头琴、四胡等

图2-10　马头琴

乐器也做过相关介绍。其中有胡笳、浑不似、龙头胡琴（勺子琴）、三弦等多种蒙古乐器。

图2-11、图2-12为《土俗學上より觀たる蒙古》一书中的插图。

图2-11　喀喇沁王府乐器

图2-12　喀喇沁王府乐队

　　笔者为了拍摄喀喇沁王府乐器，于2017年7月29日去了内蒙古赤峰市喀喇沁旗中国清代蒙古王府博物馆，见图2-13。遗憾的是，博物馆里并没有鸟居君子所看到的那些乐器，也没人知道那些乐器的去向。但笔者有幸拍摄到了该博物馆馆藏的几件喀喇沁王府乐器仿制品，据馆里人介绍，那些琴是由内蒙古通辽市乐器制作人包雪峰仿制的，见图2-15。

图 2-13　中国清代蒙古王府博物馆外景

　　笔者于 2017 年 8 月 10 日去内蒙古通辽市拜访了马头琴制作人包雪峰(图 2-14)。包雪峰说:"不知当时喀喇沁王府乐器的去向,可能一部分在日本,一部分在丹麦。"[②]据他介绍,他从 2002 年开始仿制喀喇沁王府乐器,先后仿制了马头琴、四胡、三弦等 13 件乐器。仿制时主要参考了鸟居君子书里的图片资料。

图 2-14　蒙古族乐器制作人包雪峰　　图 2-15　馆里所藏的喀喇沁王府

乐器之一——马头琴(仿制品)

　　显然这把仿制琴——马头琴的琴体和琴弓也是分开的。

　　值得注意的是,鸟居君子描述她当时所看到的马头琴时又说:"镶着一个用皮子做的马耳朵,……琴杆是桦木做的。"这一描述对当时马头琴用料和制作技艺的研究很重要,且比较符合实际。因为桦树是我国内蒙古自治区和蒙古国常见的一种树,也是制作传统马头琴的主要木料之一,蒙古国

②马头琴制作人包雪峰访谈.时间:2017 年 8 月 10 日.地点:通辽市博尔金蒙古族民族乐器研究所.

至今依然在用桦树制作马头琴的事实能够证明这一点。此外,用皮子做马耳朵的马头琴实物如今也不难找到,笔者在田野调查工作中也曾拍摄到几把。

更重要的是,鸟居君子书里的这些图明确告诉我们在清代末期和民国初期已经有这类"方形"琴箱的马头琴。

丹麦探险家亨宁·哈士纶自20世纪20年代开始先后4次来蒙古高原做调查,其间记录过马头琴传说并收集到了一些蒙古族乐器(包括马头琴在内)实物,并带回了自己的祖国。据相关文章介绍,在丹麦国立民族学博物馆和斯德哥尔摩的民族学博物馆等博物馆里收藏那些乐器[10]。

图2-16、图2-17为笔者在田野调查工作中所拍到的两张马头琴图(乌审旗中国马头琴博物馆里的图片资料)。

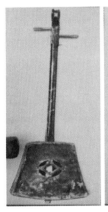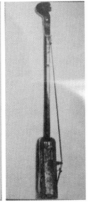

图2-16 马头琴正面和侧面

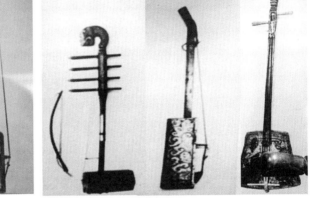

图2-17 "其他各式马头琴"

据乌审旗中国马头琴博物馆介绍,这是"哈斯伦托上(20——笔者)世纪从蒙古地区收集的马头琴图片资料"。

关于传统马头琴的形制结构、尺寸比例、用料及制作过程等在蒙古国一些学者的著作当中也做过相关描述。

蒙古国学者格·巴达拉夫在1960年出版的《蒙古族乐器史》(蒙古文版)一书中说:……当今社会上使用的马头琴规格大约在二尺五寸到四尺。琴箱呈方形,下宽、上窄,用皮蒙面,以薄木板做背板。背板上的孔为音孔。把琴身下端安装在琴箱里,在上端出两个孔,并在此孔中安装琴轴调马尾丝琴弦的松紧度。将数十根马尾丝扎为一束,把上端固定在琴轴上,把下端固定在琴箱下侧。……马尾丝为两束,一束粗,称之为雄弦或阳弦,一束细,称之为雌弦或阴弦。…… 在琴箱面部和琴身上方各安置一个琴码,使马尾弦与琴箱和琴身保持一定的距离。……把几十根马尾丝组成一束,把马尾丝的两端系在另一细木条两头,涂松香演奏。[11]

《马头琴典籍》(西里尔蒙古文)一书中对马头琴的选材和制作过程及相关的习俗等做过较详细的描述。书中说:"一定要寻找生长在森林中太阳首先照耀之处木头""最好是揉(鞣——笔者)熟好的山羊皮和狍子皮。……制作动物皮的过程中,把选好的动物皮洗净,将毛清除干净之后,用酸奶汁浸泡,一直到没有一丝血腥味,使皮子具有弹性。最后一道蒙覆皮面的工艺,必须在晴空万里的好天气里进行,让清晨清新的空气流进音箱,才能让乐器发出最清澈的声音""选择骏马的马尾丝制作琴弦……。马尾丝取自善于嘶鸣的骏马,琴弦发出的声音才会好听。琴弦一共用 360 根马尾丝,阳弦(粗弦)为 108 根,阴线(弦——笔者)(细弦)为 99 根,余下的用在琴弓上""琴码……多采用制作琴头和琴身所剩下的木料制作,也有用兽骨或兽角来制作的。"[3]60-61

蒙古国学者巴达玛哈屯等著的《蒙古部族学》一书中对木料的选择、皮子和马尾丝的加工等方面也做过一些阐述:……用松树制琴箱,用山羊皮蒙面。制琴的传统方法为:选用夏季宰的羊之新皮,在乳清里把羊皮浸泡 6~7 天,把湿羊皮张紧蒙在琴箱上打钉子加固。…… 选深棕色马尾丝做琴弦,把选好的马尾煮 2~3 次,打肥皂洗干净,之后把它系在蒙古包缺口上,在尾端拴重物将其拉长 2 天……[12]

总之,在国内外不少著作中都有一些关于传统马头琴制作技艺的零散记载。此类的描述就不一一举例介绍了。

从文献记载和相关研究成果来看,传统马头琴的形制结构是从"刳木为质,浑然一体"的结构逐渐演变成琴箱与琴杆分离的结构。那么,从什么时候开始出现这种琴箱和琴杆分离结构的马头琴呢?对此很少有人做过深入的研究,也未能找到明确的史料记载。但一些学者对于这种形制结构的转变原因做过解释。其代表性观点大概有两种。第一,"为了拆卸方便","为了更适合游牧生活"。如乌兰杰教授认为,变得容易拆卸跟游牧生活有关系[13]。色·青格勒先生在《试论马头琴的起源和发展》(蒙古文版)一文中也认为这是"游牧生活的需求"[14]。第二,"蒙古人从外族学的"。如《马头琴制作工艺及对艺术表现之影响》一文认为:"因为,方形的音箱框较之圆形、半瓶楬形的音箱制作工艺是最简单的,而民间制作这种音箱也是极为方便的。或许在清代中后期,这种更为简易的制作乐器的方式,流传至蒙古草原,蒙古人参照着胡琴的制作方式,改革了这种乐器。"[15]但这种观点又缺少证据,文章中的方形音箱框的制作是"胡琴的制作方式"等观点也有待进一步商讨。笔者认为,还有一种可能是为了节省木料才制作这种结构的琴。因为草原上木料相对稀少,而用整块木料制琴显然需要较大一块木材。不管其原因如何,随着这一形制结构的演变,"马头琴"的制作技艺也发生了相应的变化,这是无疑的。

二、田野调查资料对比分析

在漫长的历史岁月中,传统马头琴的形制结构、用料、尺寸和制作技艺等都发生了很多变化,但也有流传至今的一些东西。在上述文献史料中虽然没有对"刳木为体"的"胡琴""奚琴""勺子琴"等的制作技艺做详细的记录和描述,但仔细比较文献记载,也不难发现那些两弦"胡琴""奚琴""叶克勒(或伊奇里)"在形制结构和用料及制作工序等方面有很多相似之处,如"刳木为体""冒以革""凿空纳弦""绾以二轴""张两根弦""以木系马尾轧之"等。而其中一些制作工序和方法在近现代甚至中华人民共和国成立后的马头琴制作中也经常见到。就算是当今的现代木面马头琴的制作,也依然通过"绾以二轴""凿空纳弦""张两根弦"等工序来完成。此外,结合前人的研究和传统马头琴实物等,我们还可以判断出一些制作技艺(如用"榫卯结构"来定型和稳固侧板框的做法、蒙皮后打钉子加固法、琴头和琴杆的粘接做法等)的传承关系或相互影响关系等。

用"榫卯结构"定型和稳固侧板框的做法,可以说是在传统马头琴制作中比较常见的。这种方法是在侧板框的四个板上事先按预定的尺寸制作出榫和卯,在确保榫和卯完全吻合之后再依次进行连接。经过后期修正和加固后,这种侧板框就变得非常牢固。

蒙古国马头琴制作人巴雅日赛罕接受笔者采访时说:"这是我外曾祖

母生前用的马头琴,已有三代以上的人用过这把琴,有上百年的历史。"③从图 2-18 中可以看出,这把传统马头琴的琴箱是榫卯结构。而内蒙古锡林郭勒盟西乌珠穆沁旗男儿三艺博物馆馆藏的一把"清代马头琴"的琴箱(图 2-19)也采用了榫卯结构。因此,可以说这种制作方法是在清代和之后的马头琴制作里比较常见的。

图 2-18　蒙古国马头琴制作人　　　　图 2-19　内蒙古锡林郭勒盟西乌珠穆沁旗
巴雅日赛罕收藏的传统马头琴琴箱　　男儿三艺博物馆馆藏的"清代马头琴"琴箱侧

有关蒙皮后打钉子加固法,《关于马头琴》(蒙古文版)一文记载道:……皮子上涂绿色颜料,画具有蒙古民族特色的五颜纹饰,共鸣箱上打钉子固定。但现在逐渐用胶粘接了。[16]笔者在田野调查工作中也拍摄到了蒙皮后打钉子加固的一些传统马头琴实物,见图 2-20 至图 2-22。虽然不能排除

图 2-20　内蒙古锡林郭勒盟西乌珠穆沁旗　　图 2-21　蒙古国马头琴制作人
蒙古包制作人希日莫制作的传统马头琴　　　巴雅日赛罕收藏的一把传统马头琴

③蒙古国马头琴制作人巴雅日赛罕访谈.时间:2017 年 10 月 28 日.地点:巴雅日赛罕制琴厂.

图 2-22　内蒙古锡林郭勒盟西乌珠穆沁旗
男儿三艺博物馆馆藏的"清代马头琴"琴箱

图 2-23　蒙古国恰特博
物馆馆藏的一把勺子琴

一些后期加工的可能性,但在不同地区、不同时期的琴上都有这种制作方法
的痕迹,这一事实证明这种制作方法是在传统马头琴制作中比较常见的。

据观察,蒙古国恰特博物馆所藏的"19—20 世纪的'龙头黑琴'"琴箱
(图 2- 23)面板(应为木质面板)也是用打钉子方法固定的。也就是说,从
"清代"勺子琴、马头琴到希日莫制作的传统马头琴都用这种蒙"皮"后打钉
子加固的方法。由此我们可以看出这种制作技艺的普及情况或传承关系。

在"刳木为体"的时候"马头琴"可能没有琴头,或者有可能是琴头、琴
杆和琴箱连在一起的"浑然一体"。但清代及之后的马头琴实物中有很多琴
头和琴杆分离结构的马头琴。不仅如此,蒙古国的不少马头琴制作人现在
依然喜欢用这种方法制作琴杆和琴头。接受采访的制琴师们说,主要是"为
了节省木料""为了保护马耳朵(用调整木料纹理方向的方法来保护马耳
朵)"等。上述内蒙古锡林郭勒盟西乌珠穆沁旗男儿三艺博物馆馆藏的"清
代马头琴"的琴头和琴杆的结构也是这种结构(其制作技艺将在下一节做
详细介绍)。

由于传统马头琴更多的是一种由民间艺人就地取材、自制自用的民间乐器,
因此其形制结构、尺寸比例、用料材质和制作技艺等都是多种多样的。再加上
学者们的观察角度不同等原因,对其进行的描述、介绍更是多种多样。

笔者在近两年做了几次田野调查工作,访谈了我国内蒙古自治区和蒙
古国近 20 位马头琴制作人。从访谈资料来看,他们的选料、加工、制作方法

等既有共同特征,又有各自的特点。表2-4、表2-5、表2-6为有关木料和马尾丝及皮料的选择、加工等的部分观点比较。

表 2 - 4　木料的选择和加工

制琴人	木料的选择	对木料性能的认识	木料的干燥法
哈达(访谈时间:2016年7月30日)	用榆树、树根等木料做过马头琴	在山的阴面自然干燥的树适合做琴,不容易开裂	少量木料可以放在炕上进行进一步的干燥
色登(访谈时间:2017年3月26日)	杨树和桦树,在蒙古国等地主要用桦树制作马头琴	老木匠们说,"二表皮最好,性能最稳定"。二表皮就是树皮和中心部位之间的木料。在岩石上长的杨树是很硬的	晒干前先去掉部分树皮,去掉的部位要均匀些。太阳暴晒就容易裂开。要在阴凉、通风处放干。不能把木料直接放地上晾干,那样接触地面的部位干燥得不好,整个木料的干燥程度也不均匀。需要在木料底下放别的东西,使木料干燥时通风更好
孟斯仁(访谈时间:2017年5月12日)	榆树和(红)桦树,用捡到的木料制琴。如,用旧车等的木料	以山的阴面长的木头为好。没被暴晒过,湿度、温度比较均匀,所以长得好	平时多留意,见到有用的木料就捡起来留着备用。那种木料都不需要二次干燥
特木齐(访谈时间:2017年5月26日)	桦树,红桦树更好,用现成的木料,如横梁、旧车等的木材	在山的阴面长的树好,那是对的。据说在岩石上长的树适合做琴	

如表2-4所示,传统马头琴制作对木料的要求并不太高,甚至有时还用树根或"捡来的"旧木料来制作。表中几位马头琴制作人在传统马头琴的制作中常用桦树、榆树、杨树等木材。从表格中能看到,不仅所用的木料各种各样,而且他们的木料干燥法之间也存在一些差异。

从表2-4能看出,制琴者们对木材性能方面也有一些共同或相同的认识,如在不少制作人看来,"山的阴面长的并且自然干燥的"或"岩石上长的"树更适合制作马头琴。

表 2-5 马尾丝的选择及用法

人物	马尾丝的选择		马尾丝的加工和其他
	马种	颜色	
马头琴制作人色登（访谈时间：2017 年 3 月 26 日）	母马或公马	跟颜色没多大关系	母马的尾丝较软，声音柔和。普通公马的尾丝还可以。种马的尾丝粗，杂音多；种马的尾丝是扁的、三角形的、方形的，不是圆的。牧民最忌讳的是直接从马身上拔尾丝
蒙古国马头琴制作人白嘎力扎布（访谈时间：2017 年 10 月 23 日）			我是牧民出身，我知道那些。可能有点影响，但没有在尾巴上撒尿的母马，那都是传言。有些母马的尾丝也很好。马尾丝也有不同，不同地区和不同品种的马尾丝都不一样
蒙古国马头琴制作人乌拉木巴雅尔（访谈时间：2017 年 11 月 7 日）		白色的可能好一些	马尾丝的颜色对音色可能有影响，可能白色的更好。除了音色之外，这与外观、习俗等也有关。粗的可以用黑色尾丝做，细的用白色尾丝做。这只是我的想法或感觉，还需要深入研究，需要用现代科技手段来证实，需要看它的物理性能如何
蒙古国马头琴制作人巴雅日赛罕（访谈时间：2017 年 10 月 28 日）	普通公马、种马	白色	用什么样的尾丝跟演奏者和定制人的喜好等也有关
蒙古国马头琴制作人达瓦扎布（访谈时间：2017 年 11 月 7 日）	普通公马、种马		颜色方面没有严格规定。皮面马头琴一般用黑色尾丝。专业琴一般用白色尾丝，为了看起来更干净、更好看
潮尔/马头琴制作人巴特（访谈时间：2018 年 2 月 12 日）		琴弦（黑色）	马尾丝有圆形的，有三角形的，还有方形的。其中圆形的马尾丝的质量比较好。它（马尾丝）的基本的断面就分这三种。
		弓弦（白色）	琴弦是有拉力的，弓子没那么大拉力。黑色的粗、结实。所以用黑色的做琴弦，用白色的做弓弦
马头琴制作人巴彦岱（访谈时间：2017 年 4 月 15 日）	种马	白色的好	种马的尾丝好，就是有点杂音。但拉琴技术高的话，自然就没问题。母马的尾丝发音不太好，还容易断。白色的容易断、不结实，但声音干净

人物	马尾丝的选择		马尾丝的加工和其他
	马种	颜色	
马头琴制作人 布和（访谈时间： 2017年12月17日）	公马		公马的尾丝是四棱的。母马的是两片，稍微扁一些。所以说公马的好，尾丝粗，声音好。……从马的身上直接拔尾丝，马容易瘦
著名马头琴演奏家 齐·宝力高（访谈时间： 2017年1月11日）	母马	白色	
蒙古族长调民歌国家级 代表性传承人—— 巴达玛（访谈时间： 2017年4月16日）		黑色	圆形的尾丝好
蒙古族长调民歌国家级 代表性传承人—— 淖尔吉玛（访谈时间： 2017年4月17日）	公马		
马头琴制作人 特木齐 （访谈时间： 2017年5月26日）	公马		原先有走马的尾丝适合做琴弦的说法。黑、白色的都可以，我主要用黑色尾丝。一般用一匹马的尾丝。取尾丝时用剪刀剪。 马尾丝有几种，断面主要有三角形、四方形、圆形三种。用手揉揉看就会知道。断面为三角形的马尾丝适合做琴弦。 选出长尾丝后用洗衣粉洗干净。在两端系皮革后在蒙古包缺口上张紧系好，也有用在下端系石头等方法解决缠扭问题的
马头琴制作人 孟斯仁 （访谈时间： 2017年5月12日）	种马、 普通 成年公马		原先都用黑色马尾丝。琴弦和弓毛用同样颜色的马尾丝，用不同颜色的看起来不好看。 马尾丝有多种，圆形的尾丝比较好，声音好听。 马尾丝的长短不等。按需求选出长尾丝，用细绳系好后再用碱水或洗衣粉把尾丝洗干净

从表2-5能看出,有些人觉得公马(或种马)的尾丝比较适合做琴弦或弓毛,也有一些人觉得母马的尾丝适合做琴弦或弓毛。巴达玛等老艺术家认为圆形的尾丝适合做琴弦,但也有人认为三角形的尾丝适合做琴弦。在颜色方面,有些人说之前一般都用黑色的尾丝,但也有人喜欢用白色的。马头琴/潮尔制作人巴特说琴弦和弓毛用两种颜色的马尾丝制作,但马头琴制作人孟斯仁认为"那样不好看",用同样颜色的马尾丝制作比较好。那么,在"种马"、"公马"或"母马"的尾丝中哪种尾丝更适合做马头琴琴弦和弓毛呢?马尾丝颜色会不会影响马头琴的音色?在"圆的""三角形的""方形的"马尾丝里,哪种尾丝更适合做琴弦和弓毛?正如蒙古国马头琴制作人乌拉木巴雅尔所说,这些问题都需要用现代科技手段来证实和解答。

同样,在马尾丝的加工方面有人习惯用洗衣粉或碱水把马尾丝洗净,但也有人用"煮(加热)"的办法清理马尾丝中的油腻物等。在解决马尾丝缠扭问题上,也有把马尾丝张紧系在蒙古包缺口上或在尾段系石头解决缠扭问题等不同方法。这些均表明,传统马头琴制作技艺具有显著的个人特点和多样性。

关于马尾丝的选择和加工,前人的研究成果里也有一些讨论,如《弦线征服——马头琴》一书中记载:母马的尾丝被尿液腐蚀(或烧伤——笔者)了所以变得不结实而且声音也小,种马的尾丝结实并声音大。…… 使用加热技术(煮)清理马尾丝上的油腻物。…… 涂松香,增加其摩擦力让声音更加清晰、悠扬。[17]250

此外,在琴弦、弓毛的尾丝数方面,也有"40根和60根"[18]"九九八十一根"[17]251"120~130根和80~85根"④等不同的说法。不仅如此,马尾丝的具体安装过程及所用的工具等,也因人而异。如笔者在田野工作中发现,有些制作人用梳子梳理马尾丝,但马头琴制作人却云敦等人却用牙刷梳理马尾丝。

下面再看看皮子的选择和加工方面的一些看法和观点,见表2-6。

---

④马头琴制作人孟斯仁采访.2017年7月2日下午(电话采访).

表2-6 皮子的选择和加工

马头琴制作人	皮种	加工	备注
布和(访谈时间：2017年12月17日)	/	水里加火碱泡半个月	不止一种方法,蒙古人用多种方法加工皮子。有的人用乳清
莫德乐图(访谈时间：2017年5月31日)	绵羊皮	/	/
蒙古国乌拉木巴雅尔(访谈时间：2017年11月7日)	各种动物的皮子,不同地区的也不一样	/	
蒙古国巴雅日赛罕(访谈时间：2017年10月28日)	山羊皮	加料刮毛	/
蒙古国达瓦扎布(访谈时间：2017年11月7日)	狍子、驼羔、山羊、绵羊等的皮子	天气炎热的时候在水里泡两三天就可以,也可以泡在乳清里	厚一点的皮子似乎好一点
孟斯仁(访谈时间：2017年5月12日)	马驹、狍子、山羊的皮子	泡在乳清里	剥皮需要小心翼翼,不能划伤或划破皮子;两肩、腋、腹部的皮比较薄、均匀、软、弹性好,适合蒙面
特木齐(访谈时间：2017年5月26日)	马皮很好	泡水里一周左右就可以刮毛,不用泡乳清	腹、股等部位的皮更好

从表2-6中能看出,在传统马头琴的皮料中有山羊、绵羊、马驹、驼羔、狍子等不同动物的皮。出现这些不同皮料的原因有很多。首先这与制作人或演奏者的个人喜好有直接关系。其次与自然环境、生产生活方式、地域特点等也有一定关系。如在沙漠、戈壁地区多用驼羔皮蒙面等。

在选择那些动物身上不同部位的皮子后,一些制琴人先将其泡在乳清(或者火碱水)里,之后刮毛,也有人直接泡在清水里刮毛。浸泡时间也因人而异,在不同地区、不同季节浸泡所需的时间都不同。

综上所述,在部分文献资料中对马头琴"前身"——"胡琴""奚琴""叶克勒""潮尔"等的形制结构、尺寸比例、用料及制作技艺等做过一些描述。

无疑这些记载对马头琴制作技艺演变史研究来说具有重要的学术价值。从这些描述来看,这些两弦弓弦乐器的形制结构和制作技艺等既有不少共同特点,也有一些各自的特点。从文献记载和田野调查资料等来看,传统马头琴制作技艺也富有多样性,不同地域和制作人的制作技艺都具有各自的特点。相比之下,现代木面马头琴的用料、尺寸、结构和制作技艺等可谓已进一步趋同化。

在下一节中,笔者将以马头琴制作人却云敦的制作技艺为例对传统马头琴制作全过程做详细的介绍。

第三节
却云敦“清代马头琴”仿制技艺

一、却云敦这个人

却云敦,1985 年生, 内蒙古锡林郭勒盟西乌珠穆沁旗高日罕镇图力嘎嘎查人,初中文化程度,退学后回家放牧。

却云敦的父亲特木齐(1963 —)也会制作马头琴,所以却云敦从小就看过其父亲做琴,并帮父亲干过制琴的活儿。在父亲的熏陶下,却云敦渐渐学会了制作马头琴。却云敦在 18 岁时做了他的第一把工艺品马头琴(小型工艺品),19 岁时(2004 年)在父亲的指导下做了他人生的第一把马头琴。2010 年开始独立制作马头琴,并创建了“阿艺拉古”民族乐器工厂(2012 年注册)。其间,他也去过锡林郭勒盟东乌珠穆沁旗参观了苏都毕力格的民族乐器厂。据了解,“阿艺拉古”民族乐器工厂是目前西乌珠穆沁旗唯一的马头琴制琴厂。

却云敦和他父亲都会拉马头琴。却云敦在 2002 年时跟父亲学过马头琴演奏。2007 年拜师锡林郭勒盟东乌珠穆沁旗乌兰牧骑马头琴手苏艺拉格日勒学习马头琴演奏。2016 年跟东乌珠穆沁旗乌兰牧骑苏艺拉格日勒老师学习了潮尔演奏。2009 年参加东乌珠穆沁旗“乌博杯”马头琴演奏比赛并获得了二等奖。

二、场地和人员结构及其变化

（一）场地及其变化

2010 年，却云敦租了总面积 60~70 米^{2}的平房，自己独立制作马头琴。2014 年在西乌珠穆沁旗巴拉嘎尔高勒镇"牧民一条街"上租了总面积为 260 米^{2}的楼房（两层，附带地下室）做厂子，每年租金为 18 000 元。却云敦下一步打算申请注册民族乐器制作公司。他说那样能接政府机关等相关单位大量的活儿。

（二）人员结构

刚开始，却云敦自己一个人做琴，接的活儿多的时候叫人来帮忙，再给他们"绩效工资"。现在忙的时候来帮忙的有两个人。一个叫达布拉嘎（男，1972 年生），另一个叫好日瓦（男，1990 年生，呼和浩特民族学院美术系环境艺术设计专业毕业）。

却云敦没收过徒弟。他说："现在很少有人愿意学这门技艺。我这里也来过几个比我还小的年轻人，但即使来了也不好好学。他们觉得学这个不能马上挣钱，而且也很累，所以待几天就走的比较多。"

三、"阿艺拉古"民族乐器工厂的马头琴种类及其制作的一些记录

（一）"阿艺拉古"民族乐器工厂的马头琴种类

传统马头琴在形制结构和尺寸等方面并没有统一的标准。却云敦现在也在制作传统马头琴。他做的传统马头琴基本都用羊皮蒙面，用马尾丝做琴弦，而且用机器和手工结合的方式制作。却云敦对笔者说："有人定做才做'传统马头琴'，不然要的人少，做多了卖不出去。"

却云敦跟笔者说，他制作的马头琴有"练习琴""专业琴""展览琴（工艺品）"三种，而且他说"练习琴"和"专业琴"的尺寸都一样。笔者在调查过程

中发现,"阿艺拉古"民族乐器工厂门牌上也写着"制作高中低音马头琴"。所以却云敦所谓的"专业琴"也可以分为"高音马头琴"、"中音马头琴"和"低音马头琴"等几种。

除了马头琴,"阿艺拉古"民族乐器工厂还制作陶布秀尔("图瓦掏布希古尔")、火不思、潮尔、四胡、蒙古鼓等其他乐器。另外,他们还制作蒙古族民族特色家具等。

(二)有关"阿艺拉古"民族乐器工厂"现代马头琴"制作的一些记录

1.选材

却云敦现在基本都从呼和浩特购买制琴材料。关于材料的运输,他说:"以前都是自己去买,现在靠物流运过来。木料都是锯好了的。"据却云敦介绍,他现在用枫树、榉木做侧板和背板。普通琴的面板用梧桐木制作,高档琴的面板用白松制作。琴杆用枫树、榉木制作。琴轴用红檀、黑檀制作。上码、下码的用料也不同,一般用红檀、黑檀做上码,用枫树做下码。用尼龙线做琴弦。却云敦现在自己不做琴弓,从外地进货配在琴上用。

2.工具

工具主要有手锯、钢锯、各种锉刀和凿子、大小几种刨子、现代木工刻刀、老虎钳、台式虎钳、扳手、钢尺、三角尺、厚度卡尺、铅笔、圆规、剪刀、螺丝刀、铁锤、砂纸、茶缸、细绳、旧牙刷及多种模型和夹具等手工制作用具。此外,还会用电刨子、细木工带锯、台式锯床、砂光机、木工切割机、刨光机、电炉子、线锯、数控机床等电动工具。

却云敦的马头琴制作是半机械化式的。他说做一把琴一般需要3天左右的时间,但"流水线生产"大概1天就能做1把琴。

使用的胶类有乳白胶、"哥俩好"胶、101胶、502胶等。

3.产品特色及销售

却云敦目前没有注册商标,但他说他的马头琴也有自己的特点。其中最主要的特点就是尽量把琴头雕刻成乌珠穆沁白马(西乌珠穆沁旗为"中国白马之乡")马头的形状。再有就是他认为他的琴在音色方面不是很响亮,比较柔和。

从 2010 年到 2017 年，"阿艺拉古"民族乐器工厂已制作、销售 600 多件乐器。却云敦现在有一个总面积 30 米²左右的琴店。这琴店是西乌珠穆沁旗政府给创业者免费提供的房子。采访中我们了解，却云敦打算自己再出一笔资金扩大琴店。

却云敦的琴主要在西乌珠穆沁旗旗内销售。此外，锡林郭勒盟别的旗县和赤峰市克什克腾旗等地的人也买过他的琴。北京等地的用户也曾买过他的琴。他说："用户的喜好各不相同，有的喜欢高音琴，有的却喜欢低音琴。"

"阿艺拉古"民族乐器工厂也提供售后服务。出现质量问题却云敦都给免费维修，但人为的破坏不给维修。却云敦说存放马头琴的环境温度不能过高、过低，也不能突变，那样琴箱容易开裂，所以卖出每把琴时他会提醒用户这一点。

四、"清代马头琴"的仿制技艺

2017 年 5 月，为了记录传统马头琴的制作过程，笔者商请却云敦仿制了在西乌珠穆沁旗男儿三艺博物馆馆藏的"清代马头琴"※。在仿制的过程中，却云敦先用手工锯切、刨平、雕刻、绘画、涂颜料……让笔者拍摄记录，之后，他再用现代机械设备制作了剩余部分。在制作过程中，他还用了一些半成品（如加工好的羊皮等）。所以用他手工仿制过程的记录来完整地重现传统马头琴的手工制作技艺还是略有不足。因此，笔者又采访了之前有纯手工制作传统马头琴经历的孟斯仁（图 2-24）（采访时间：2017 年 5 月 12 日下午）和特木齐（图 2-25）（采访时间：2017 年 5 月 26 日上午）两位牧民。其中特木齐为却云敦的父亲。本书将结合这两位制作人的访谈资料来介绍

图 2-24 孟斯仁(1948—   )   图 2-25 特木齐(1963—   )

传统马头琴的手工制作过程。

(一)传统马头琴的形制结构和尺寸

1.形制结构

传统马头琴基本都是民间艺人自制自用的，所以它的形制结构，尤其尺寸等没有统一的标准，但一般都由琴头、木轴、琴杆、琴箱、琴码、拉弦绳、琴弦、弓杆、弓弦等零部件组成，见图2-26、图2-27。

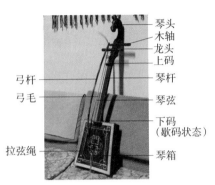

图 2-26　基本结构

传统马头琴和现代马头琴虽然都有侧板框，但传统马头琴用皮子蒙面(或正面、背面都蒙皮)，很难安装低音梁，因此通常在琴码下再插一把蒙古刀。关于琴码下插蒙古刀这一现象的民间解释基本可以概括为以下两点：一是为了辟邪，二是为了使"面板"整体振动。显然，第二种解释更符合马头琴的声学原理，只不过充当音梁的蒙古刀被安装在"面板"的外面("以刀做梁")罢了，如图2-28所示。

图 2-27　待蒙皮的琴箱及其内部结构

图 2-28　琴码下插的蒙古刀

2."清代马头琴"的具体尺寸

在仿制"清代马头琴"之前，却云敦先跟笔者一同去西乌珠穆沁旗男儿三艺博物馆拍摄那把琴，并测量记录了其详细尺寸，见图2-29至图2-30。

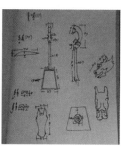

图2-29 测量琴箱的尺寸　　　图2-30 测量琴头尺寸　　　图2-31 绘图记录

那把"清代马头琴"的具体尺寸如下：琴体总长度为1 070毫米。琴杆、琴头的总长度为770毫米，其中琴头(马头+龙头)的长度为280毫米。琴杆的长度为490毫米。琴杆上部和中间部位的厚度为30毫米，下端厚度为50毫米；宽度均为30毫米左右。琴箱上宽225毫米，下宽270毫米，高度为300毫米。侧板宽度为85毫米，厚度为15毫米。背板厚度为8毫米。上码高度为28毫米，厚度为4毫米。上码下部宽度为60毫米，上部为45毫米。下码高度为35毫米，厚度为7毫米。下码下部宽度为65毫米，上部为55毫米。琴弓总长度为700毫米。琴轴长度为170毫米，直径粗段为21毫米、细段为15毫米。

(二)选材

1.木料的选择

起初，制作传统马头琴更多的是就地取材，所以其用料没有统一的标准。但民间的马头琴制作人对用料的特点、性能和加工等方面也有自己的经验和认识。

却云敦认为，木材的厚薄、湿度十分关键，因为它们会直接影响音色。他说山的阴面自然风干而且干透了的木料更适合做琴。用那种木料做的琴音色好。却云敦还说，把木料拿过来之后要先在水里泡一会儿再晒干，而后锯切，那样就不会出现开裂现象。

却云敦说，男儿三艺博物馆馆藏的"清代马头琴"是用樟松做的。他测量好那把琴的具体尺寸之后，先后去了4家木材厂才找到那种木料，见图2-32至图2-34。从木材厂买的长1 800毫米、宽220毫米、厚50毫米的樟松木料价钱为100元。

图 2-33 画用于锯切的线

图 2-32 选木材

图 2-34 锯切

2.马尾丝的选择

关于马尾丝的选择，人们持有不同的观点。却云敦认为，马尾丝有四方形、三角形、扁形、圆形 4 种，其中三角形的且是快马的尾丝更适合做琴弦。

3.皮子的选择

传统马头琴多用羊皮（绵羊和山羊）、马驹皮、牛犊皮、驼羔皮、狍子皮、鹿皮等蒙面。但不管用哪种皮，似乎都以薄皮为主，如羊羔、马驹、牛犊等的皮更适合蒙琴箱。就算是用成年牲畜的皮，也基本都用腹、股等部位的薄皮。

却云敦现在用的是从呼和浩特买来的半成品。他用的基本都是羊皮。一张羊皮的市场价格为 120 元左右。

4.胶的选择

却云敦现在都用白乳胶。但为了仿制这把"清代马头琴"，他去商场买了少量的明胶。却云敦说这种胶的价格不等，500 克从几十元到几百元的都有。图 2-35 至图 2-37 为选胶的细节。

特木齐说：我当时用的是鱼皮胶。但那时的鱼皮胶不像现在这种呈米粒形状。那时的胶是薄片。用的时候把它泡在水里，放阳光下晒，化开之后再用小火煮。

图2-35　商店外景

图2-36　选胶

图2-37　买下的明胶

5.颜料的选择

制作传统马头琴时用什么颜料也因人而异，而且不同年代和不同地区的制作人用的颜料也有所不同。特木齐曾用过一种液体颜料（他忘了叫什么名字）。用水搅匀后涂在琴上，颜料的量决定其颜色。特木齐说，少加颜料就呈黄色，多加就呈褐色。在琴杆上涂黄色（浅色）颜料，在琴头和琴箱部分涂褐色颜料。他一般不在皮子上涂颜料。特木齐说他做琴时已有"清油"。

图2-38为却云敦的帮手好日瓦事先买好的丙烯画颜料，图2-39是另外添加的一些颜料。

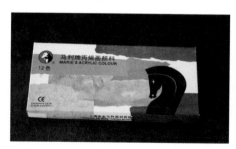
图2-38　丙烯画颜料

图2-39　另加的一些不同颜色的颜料

（三）工具

特木齐说手工制作传统马头琴时主要用的工具有刀（吃肉时用的刀）、锯子、刨子3种。其中，锯子用于锯切木料，刨子用于刨平修正，刀子用于雕刻、钻孔、削平等工序。特木齐对笔者说："我做琴的时候已有锉刀和砂纸了，凿子也有。但那时没有电锯。"

却云敦仿制传统马头琴时除了用刀、锯子、刨子外，还用了锉刀、凿子、钢尺、三角尺、厚度卡尺、剪刀、现代木工刻刀、老虎钳、台式虎钳、铁锤、钉子、细线、圆规、铅笔、砂纸、茶缸、细绳、纸、毛笔、刷子、旧牙刷等手工道具，以及数控机床、细木工带锯、电刨子、砂光机、木工切割机、线锯、电炉子等不少现代电力工具。

其中，各种锯子、刨子、锉刀、凿子、砂纸、刻刀和台式虎钳、数控机床、细木工带锯、电刨子、砂光机、木工切割机、线锯等主要用于木工活。蒙皮时用了铅笔、剪刀、钉子、老虎钳、铁锤、细绳等。绘制马鬃和琴箱上的各种花纹时用铅笔、纸和圆规、钉子、细线等。毛笔和刷子用来涂颜料。炼胶时，用了电炉子和茶缸。梳理、安装琴弦时用了旧牙刷。测量各零部件具体尺寸时多次使用了钢尺、三角尺、厚度卡尺等。

(四)制作技艺

传统马头琴的制作可分为各部件的制作、涂颜料、组装和调音三大步骤。其中各部件的制作较为复杂而且需要的工序也多。所以下文分"琴头和琴杆的制作""琴箱的制作""琴弓的制作""其他零部件的制作""花纹的制作和涂颜料""组装和调音"6个部分来介绍却云敦的传统马头琴仿制过程。

1.琴头和琴杆的制作

西乌珠穆沁旗男儿三艺博物馆馆藏的"清代马头琴"的琴头和琴杆是连在一起的(琴头不是雕好后再粘上的)，所以琴头和琴杆的仿制工作几乎是同时进行的。其制作步骤是先按尺寸锯切木料，再进行刨平、雕刻。

制作现代木面马头琴的琴头、琴杆时，有的人会用电锯锯出大体轮廓之后，再用手工雕刻琴头。也有人用数控机床等数码设备雕出琴头、琴杆之后，再用手工进行后续细加工和修理。但原先的传统马头琴制作都是用手工锯切、雕刻来完成琴头和琴杆的制作。其中，锯切要注意"留边"(坯料比琴头、琴杆、琴箱的实际尺寸略大一些)，这就是制琴人常说的"长木匠，短铁匠"的道理。意思就是，如果尺寸不够了，铁匠可以用打铁的方法来延展、弥补其长度，但木匠一旦把木材锯短了就没有任何补救办法，只能浪费整块木料。却云敦也清楚这一道理。

（1）先画出琴头和琴杆的轮廓，再锯切（图2-40至图2-42）

图2-40　画轮廓

图2-41　锯切

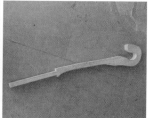
图2-42　半成品

（2）用削、刨等方法去掉木料的多余部分（图2-43、图2-44）

图2-43　削掉多余木料

图2-44　刨去多余木料

（3）制作琴头的大致轮廓

画出轮廓之后，用刻、锉等方法制作，见图2-45至图2-50。

图2-45　画"马头"轮廓

图2-46　刻制"马头"

图2-47　锉制细节

图2-48　画"马鬃"轮廓

图2-49　画"龙头"轮廓

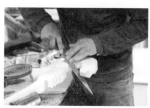
图2-50　锉制打磨

（4）"马耳朵"的制作和安装，见图2-51至图2-55

这把"清代马头琴"的"马耳朵"是先制作后粘到琴头上的，并且所用材质也有改变。却云敦说，这把琴的"马耳朵"的木料是比樟松更硬的硬杂木，所以他选用桦树制作"马耳朵"。笔者在田野调查工作中发现，这种粘接"马耳朵"的做法在现代马头琴的制作中是很少见的。

却云敦先用锯、切、削等方法制作了"马耳朵"，之后在马头相应部位钻出了安装"马耳朵"的两个孔。在"马耳朵"根部涂胶后，把它安装在"马头"上。再用锉、削、刻等方法，使其更精致。

图2-51 "马耳朵"的制作　　图2-52 在"马头"上钻孔　　图2-53 锉

图2-54 削　　　　　　图2-55 雕

（5）制作"马鬃"轮廓，见图2-56至图2-58

制作"马鬃"前继续加工"马头"，将"马头"基本形状做成之后，再制作"马鬃"。"马鬃"的制作也是由画轮廓和雕刻两个工序来完成的。

图2-56 加工"马头"　　　图2-57 画轮廓　　　图2-58 雕刻"马头"

制作另一侧的"马鬃"时，先拿纸和笔"扫描"一下刚制成的"马鬃"轮廓，剪制"马鬃"轮廓后，用这个模型在另一侧相应位置上再绘制"马鬃"

轮廓。却云敦说，这样才能保证两边"马鬃"的形状、尺寸一致。画出轮廓之后，再进行雕刻，见图 2-59 至图 2-64。

图 2-59 "扫描"　　　　图 2-60 剪制模型　　　　图 2-61 用模型画出轮廓

图 2-62 削去多余木料　　图 2-63 雕制"马鬃"轮廓　　图 2-64 制成的"马鬃"轮廓

（6）牙齿、舌头的制作

按当时的条件来讲，西乌珠穆沁旗男儿三艺博物馆馆藏的"清代马头琴"的雕刻工艺应该说已经达到了十分精湛的程度。因为不仅马耳朵、马鬃等雕刻得栩栩如生，马的牙齿、舌头等也都做得那么生动。却云敦观察发现，这把琴是先锯掉下巴，等牙齿和舌头制成之后，再将这些粘到琴头上的。这种制作技艺和思路在现代马头琴的制作中也极其罕见。

牙齿、舌头的制作先从嘴巴的制作开始，也是通过先画轮廓后雕刻、锉制等工序来完成的，见图 2-65 至图 2-66。

图 2-65 画出嘴巴　　　　　　图 2-66 雕制嘴巴

嘴巴制成之后，割掉下巴，进行牙齿和舌头的制作。雕好牙齿和安装好舌头之后，再把下巴粘回到马头上，见图 2-67 至图 2-78。经过后续修理和涂颜料之后，不仔细观察，很难发现粘接痕迹。

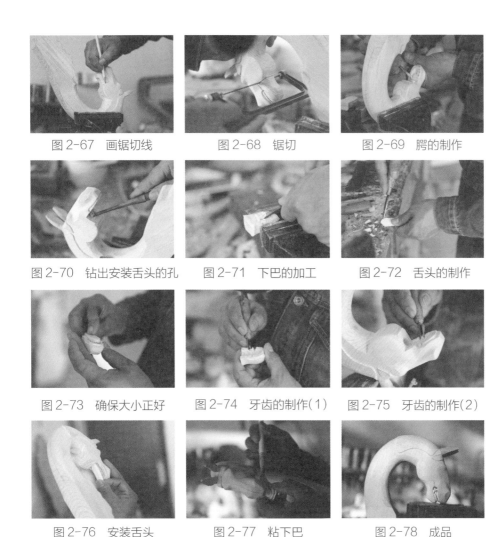

图 2-67 画锯切线　　图 2-68 锯切　　图 2-69 腭的制作

图 2-70 钻出安装舌头的孔　　图 2-71 下巴的加工　　图 2-72 舌头的制作

图 2-73 确保大小正好　　图 2-74 牙齿的制作（1）　　图 2-75 牙齿的制作（2）

图 2-76 安装舌头　　图 2-77 粘下巴　　图 2-78 成品

（7）琴轴孔（又称"弦轴孔"）的制作，见图 2-79 至图 2-81

琴头、琴杆基本做好之后，在琴头和琴杆连接处（基本在龙头两侧）按尺寸制作出琴轴孔。具体尺寸要依据琴轴粗细程度而定。制作工序也是先画轮廓，再用刀子和钻子钻出孔。两个孔之间的距离为 25 毫米左右。

图 2-79 画轮廓

图 2-80 钻孔

图 2-81 制成的琴轴孔

（8）龙头的制作

龙头的制作跟马头的制作一样，先画轮廓再进行雕刻，见图2-82至图2-86。

图2-82 画正面轮廓　　　图2-83 雕刻正面　　　图2-84 半成品

图2-85 画侧面轮廓　　　图2-86 雕刻侧面

制成龙头一个侧面之后，再用笔和纸"扫描"其轮廓，在另一侧上画出同样的轮廓，再进行雕刻。这样能保证两侧龙头形状及其尺寸的一致，见图2-87至图2-89。

  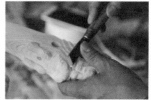

图2-87 "扫描"　　　图2-88 加工印记　　　图2-89 画轮廓后进行雕刻

刻制好龙头之后，再钻出从龙的鼻子到琴轴孔的"穿弦孔"，准备穿琴弦，见图2-90。

图2-90 钻出"穿弦孔"

（9）马眼睛的制作（先画轮廓后雕刻），见图2-91至图2-93

图2-91 画轮廓　　　　图2-92 雕刻马眼睛　　　　图2-93 成品

（10）马鼻子的制作（先画轮廓后雕刻），见图2-94、图2-95

图2-94 画鼻孔轮廓　　　图2-95 雕刻马鼻子

（11）琴颈上花纹的制作（先画轮廓后雕刻），见图2-96、图2-97

图2-96 上部花纹的制作　　图2-97 侧面花纹的制作

（12）琴杆的加工，用刀子和锉子把琴杆背部修成半圆形，见图2-98、图2-99

图2-98 削　　　　　　图2-99 锉

（13）马鬃的雕刻（先画马鬃形状，再进行雕刻），见图2-100至图2-105

图2-100 画中心线

图2-101 画颈部"马鬃"轮廓

图2-102 雕颈部的"马鬃"

图2-103 画头部"马鬃"轮廓

图2-104 雕头部的"马鬃"

图2-105 成品

（14）琴轴槽的制作，见图2-106至图2-108

传统马头琴只有两个木轴，安装木轴时也需要制作木轴槽。这把"清代马头琴"的琴轴槽长度为90毫米，宽度为10毫米，深度约为38毫米。制作木轴槽时，先画轮廓（找出中心线，再按尺寸画出其轮廓），再用凿子和刀凿出琴轴槽。

图2-106 画轮廓

图2-107 凿制琴轴槽

图2-108 修整琴轴槽

（15）琴杆尾部的加工，见图2-109至图2-115

这把"清代马头琴"的琴杆尾部粘有3块薄木板。却云敦说，可能因为当时上插孔和尾孔做大、做宽了，所以才采取这种"加厚"的处理办法，也有可能只是为了装饰才这样做的。

琴杆尾部的加工工序是先按尺寸锯切坯料、制作薄木板，再黏合、打钉子加固。

打完钉子后，修整琴杆尾部并锯切多余木料，最后在琴杆尾部打穿弦眼，进行打磨。

图 2-109 按尺寸锯切坯料

图 2-110 黏合

图 2-111 打钉子加固

图 2-112 修整琴杆尾部

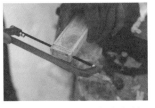

图 2-113 锯切多余木料

图 2-114 打穿弦眼

图 2-115 打磨

2.琴箱的制作

传统马头琴以皮子蒙面，而且没有低音梁、音柱、角木、首尾木等，所以
其琴箱的制作跟现代木面马头琴琴箱制作
有较大区别，而且具体制作过程也因人而
异。却云敦的制作过程大致如下：

（1）背板的制作

背板的制作也是从锯切坯料开始的，见
图 2-116 至图 2-119。

图 2-116 画锯切线

图 2-117 锯制薄木板

图 2-118 画锯切线细节

图 2-119 锯掉多余木料

由于这把琴的背板是用两块木板粘接而成的(这一点与现代木面马头琴的面板结构较相似)，因此黏合之前要用刨子刨平两块木板的粘接之处，见图2-120至图2-122。

图2-120　刨平　　　　　图2-121　进一步加工　　　　图2-122　确保吻合

要粘接背板，需要先炼胶。但由于楼房里不宜点火，所以却云敦用电炉子煮胶。

煮胶时，先把买好的明胶放在小型易拉罐里，再倒适量的清水，泡发将近20分钟。同时在茶缸里倒适量的水，用电炉子把水烧热。之后，把易拉罐放置在茶缸里用小火煮胶，见图2-123、图2-124。

图2-123　把胶放入易拉罐

却云敦说等茶缸里的水烧开了，胶就可以用了。胶的浓度自己把握，若觉得稠了，可加开水稀释。

把炼好的胶涂在两块木板粘接处，涂的时候要注意涂均匀。粘接好木板之后，晾12小时，尽量放在通风的地方，不能暴晒，见图2-125至图2-127。

图2-124　炼胶

传统皮面马头琴的琴箱有两种。一种是正面蒙皮，另一种是正面、背面都蒙皮。正面、背面都蒙皮制成的马头琴的音孔在侧板上(也有没有音孔的)。由于这把"清代马头琴"的背板是木质背板，

　　　图2-125　涂胶　　　　　图2-126　粘接　　　　　图2-127　晾干

皮子蒙面,所以它的音孔在背板上。其轮廓是一种叫"ᠪᠡᠯ[bəl](贝勒)"的图案。对于这种圆形图案,有解释说:"圆形图案一般是与太阳和阳性有关的符号,反映了太阳崇拜的观念和太阳的阳性内涵,有着生命永存的含义。"

音孔的制作大概也包括画轮廓和刻制等两个步骤。画轮廓时,先找到背板的中心点。之后,在中心点上打一个钉子。在钉子上系细线,之后在线的另一头系一支铅笔(钉子和铅笔间的距离基本等于"贝勒"半径的长度)。然后拉紧线,围绕钉子画一圈,这样"贝勒"的外框就出来了。之后再按比例勾勒出"贝勒"的内部结构,见图 2-128、图 2-130。

图 2-128　背板半成品　　图 2-129　画"贝勒"外圈　　图 2-130　画"贝勒"细节

画好音孔的轮廓之后,用刀子刻出音孔。却云敦说,现在制作音孔,用机器打眼之后,再用线锯锯掉即可。用机器制作音孔相当快,但用刀子刻就需要一些时间和体力,见图 2-131、图 2-132。

图 2-131　画好的"贝勒"　　图 2-132　雕音孔

音孔制成后,按尺寸锯掉背板多余的木料,见图 2-133,这样背板的制作基本结束。(图 2-134 为做完侧板框准备粘接时拍的背板成品图。)

图 2-133　锯掉多余木料　　图 2-134　背板成品

（2）侧板框的制作

侧板框的制作从侧板的制作开始。由于几个侧板之间也存在具体尺寸的差异，所以先按预定尺寸锯切坯料（同样需要留边），之后再刨平，见图 2-135 至图 2-138。

图 2-135　画锯切线

图 2-136　锯切

图 2-137　侧板坯料

图 2-138　刨平

与现代马头琴不同，传统马头琴需要蒙皮，所以侧板做得比较厚。传统马头琴侧板框内一般没有"角木"和"首木、尾木"，而是用榫卯来连接几块侧板。制作榫卯时，先画轮廓，再用凿子、锉子和刀等工具制作。

画轮廓时，先在纸上按尺寸画出榫卯的轮廓，再用剪刀剪制模型。这种模型能保证每块侧板上的榫卯形状和尺寸的一致，见图 2-139 至图 2-144。

图 2-139　侧板半成品
及榫卯模型

图 2-140　画榫卯轮廓

图 2-141　榫卯位置和尺寸
需一致

图 2-142　凿制榫卯

图 2-143　修整卯

图 2-144　修整榫

确保榫卯完全吻合之后，按对接顺序做上标记，以防出现不吻合的情况。把全部榫卯制成之后，按顺序进行粘接。连接时，在榫卯粘接处涂上已炼好的胶。为保证其黏合效果，还需要用细绳捆扎侧板框，之后需要晾 12 小时，见图 2-145 至图 2-149。

图 2-145 制成的榫卯

图 2-146 涂胶

图 2-147 粘接

图 2-148 用绳子捆住

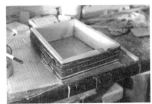

图 2-149 晾干

由于上下侧板的长度不同，所以粘接侧板时会出现斜角。可通过后期修整等方法来处理榫卯的间隙和多余部分，见图 2-150、图 2-151。

图 2-150 粘接好的侧板框

图 2-151 后期修整

（3）背板和侧板框的粘接，见图 2-152 至图 2-157

粘接背板和侧板框时，先刨平侧板框粘接面（用特制的小型刨子）。之后，根据侧板框的具体尺寸，在背板上画出打钉线。涂胶粘接背板和侧板框之后，打钉子加固。12 小时后再进行修整、打磨，去掉背板多余木料，使背板和侧板框的粘接部分干净、整齐。

图2-152 刨平粘接面

图2-153 画线

图2-154 侧板涂胶

图2-155 背板粘接处涂胶

图2-156 打钉子加固

图2-157 削去多余木料

（4）蒙皮

传统马头琴与现代马头琴的最大区别之一，就是用皮子蒙面。这种材质上的区别使两者在音色、音量等方面有了明显的差别。

传统马头琴的蒙皮工作从皮料的选择和加工开始。皮料的加工工序也因人而异。下面结合对特木齐、孟斯仁等老一辈制作人的访谈，来介绍传统马头琴的蒙皮过程。

皮料的加工，以羊皮的加工为例：

特木齐：剥皮时不能划伤皮料。不能泡在酸奶汁（或乳清）里，那样声音不好听。用刀子刮出皮料里的油腻物。在清水里泡一周后毛自然就掉了；或者刮出油腻物之后，直接用鲜皮蒙面，等干后再刮毛。刮的时候也要小心翼翼，不能划伤皮料。那样（如果划伤了）整张皮料就作废了，这需要一些技术。晾干时不能暴晒。

孟斯仁：剥皮时要小心翼翼，不能划伤或划破羊皮。

可泡在酸奶汁（或乳清）里把皮料的油腻成分去除，之后在特制的架子上拉紧皮料，晾干。这时皮料要比侧板框的正面面积大一些，蒙完皮后再割掉多余部分。皮料半干时用刀子刮掉羊毛。这一过程也需要小心翼翼，不能划破皮料。之后再把皮料泡在茶水（加少量的盐和碱）里，继续去除皮料的油腻成分,使皮料更加结实、更有弹性,保证其形状和质量不变。

用手指和碗的弧面压平皮料的褶皱,晾到六七成干之后就可以蒙皮了。

虽然具体的加工过程没能拍摄到,但通过两位传统马头琴制作人的讲述,我们也可以了解到加工皮料的一些主要步骤。同时不难发现两位制作人的加工方法也存在一些差异,如要不要把皮料泡在乳清里等。

却云敦蒙皮时,用了从呼和浩特买的半成品。但为了配合笔者拍摄,他找了另一张羊皮演示了泡皮、刮毛等主要步骤,见图2-158至图2-162。其顺序是,先把羊皮泡在清水里。却云敦说:"大概泡一周就可以刮毛了。其间每天都需要换水。"一周过后,开始用刀刮毛。但这次由于时间关系(未能把皮料早点泡在水里),泡三四天后,就直接刮毛了。却云敦说:"刮完毛后直接蒙皮,蒙完皮再晾干。"

图2-158 事先准备的羊皮　　图2-159 羊皮泡水　　图2-160 挤出水分

图2-161 刮毛　　　　图2-162 刮毛工具

蒙皮时,先把加工好的坯料泡在清水里(却云敦说需要泡半小时到1小时)。把皮料泡好之后,拿出来按预定尺寸裁剪(比侧板框的面积要大一些,蒙完皮晾干之后再剪掉多余皮料)。之后,在皮料和侧板框粘接处涂胶黏合,再打钉子,蒙皮时要注意把皮料张紧。最后,为了保证其黏合效果,用手压平皮面黏合处,见图2-163至图2-174。

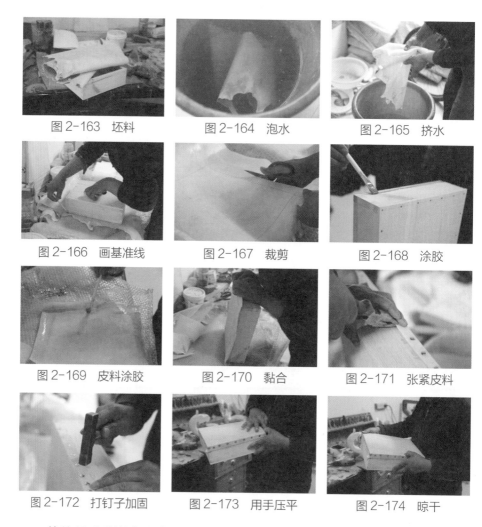

图 2-163　坯料　　　　　　图 2-164　泡水　　　　　　图 2-165　挤水

图 2-166　画基准线　　　　图 2-167　裁剪　　　　　　图 2-168　涂胶

图 2-169　皮料涂胶　　　　图 2-170　黏合　　　　　　图 2-171　张紧皮料

图 2-172　打钉子加固　　　图 2-173　用手压平　　　　图 2-174　晾干

　　传统马头琴的侧板框要承受皮料的拉力,所以做得都比较厚(这把"清代马头琴"的侧板厚度为 15 毫米左右)。蒙皮时,却云敦在侧板框内另加了一个小型木质"十"字形结构,以防侧板框向内弯曲变形(因为放干后皮料会进一步缩小),见图 2-175、图 2-176。

　　　　图 2-175　蒙皮前的琴箱内部结构　　图 2-176　加木质"十"字形结构

蒙皮工作完成之后，晾 12 小时，之后再卸"十"字形结构（从音孔取出），同时拔掉钉子，剪掉多余的皮料，见图 2-177 至图 2-179。

图 2-177　拔钉子　　　　图 2-178　画基准线　　　　图 2-179　剪去多余皮料

（5）上插孔和尾孔的制作，见图 2-180 至图 2-185

上插孔和尾孔是连接琴杆和琴箱的两个孔。

制作上插孔和尾孔时，先找出上、下侧板的中心线，之后以中心线为基准按尺寸画出插孔和尾孔的轮廓，再用刀子和锉子制作插孔和尾孔。

上插孔的长度为 43 毫米，宽度为 22 毫米，在离皮面 17 毫米的位置出上插孔。尾孔的长度为 40 毫米，宽度为 20 毫米，在离皮面 17 毫米的位置出尾孔。

图 2-180　画中心线　　　　图 2-181　量琴杆尺寸　　　　图 2-182　按尺寸画轮廓

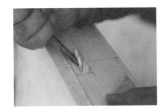  

图 2-183　凿孔　　　　图 2-184　锉平　　　　图 2-185　做好的孔

（6）侧板镶边的制作和黏合

这把"清代马头琴"的侧板上还有用细木条制成的镶边。

却云敦在制作镶边时，先用锯子和刨子等制作坯料，再按侧板尺寸锯制镶边木条,最后画出对接角并用刀子削除了多余木料,见图 2-186 至图 2-191。

图 2-186　锯坯料　　　　图 2-187　刨平　　　　图 2-188　使用自制的小刨子

图 2-189　画锯切角度　　　图 2-190　削制镶边角度　　　图 2-191　确保完全吻合

在确保 4 个对接角完全吻合之后,涂胶黏合并打钉子加固。打完钉子后,削平镶边多余部分和棱角等,见图 2-192 至图 2-194。4 个侧板镶边的制作工序是一样的。

图 2-192　涂胶　　　　图 2-193　打钉子加固　　　　图 2-194　削平多余部分

最后用刀在镶边上刻制条纹装饰,见图 2-195 至图 2-197。

图 2-195　在表面刻条纹　　　图 2-196　在内侧刻条纹　　　图 2-197　做好的镶边

侧板镶边的制作和黏合工作结束后，琴箱的制作基本结束，接下来是画纹饰图案和涂颜料。

3.琴弓的制作

琴弓的制作，见图2-198至图2-204。

随着现代马头琴制作技艺的专业化，现在不少马头琴制作人自己都不做琴弓，而是直接从制琴弓厂子进货，配在马头琴上。但传统马头琴的琴弓都是自己制作的，而且其形制结构等方面也跟现代马头琴的琴弓有所不同。现代马头琴的琴弓吸收了不少提琴弓的因素。传统马头琴的琴弓就没有"弓毛库""弓尾螺丝"等部件，基本都由弓杆和弓毛两个部件构成。

因为制作传统马头琴时，基本都就地取材，所以琴弓的用料、弓毛的颜色和尾丝数量等都没有严格的标准。特木齐对笔者说："我基本都用桦树制作弓杆，不需火烤之后人为地弯曲木料，做的时候直接把木料削出弯曲的形状。找长尾丝做弓毛。用洗衣粉或碱水把尾丝洗好之后，把它张紧系在蒙古包缺口上。这样做是为了解决马尾丝的缠扭问题。"

由于西乌珠穆沁旗男儿三艺博物馆收藏的"清代马头琴"没有琴弓（可能未收藏或已丢失），因此却云敦参照馆里收藏的另一

图2-198　锯制坯料

图2-199　修整

图2-200　煣木

图2-201　钻出穿弦眼

图2-202　穿尾丝

图2-203　梳理

图2-204　涂松香

把皮面马头琴的弓子,用松树做了一把琴弓。弓杆总长度为700毫米。

制作这种琴弓的过程比较简单。却云敦的制作过程如下:先锯制细木条,再把它烤热后人为地弯曲,制成弧形弓杆(燣木之前在木料上浇水,增加其湿度)。弓杆制成之后,在弓杆的两头钻出两个穿弦眼。用导绳线把准备好的马尾丝(却云敦用了白色马尾,但他没仔细数其根数)一头穿过弓杆的一个穿弦眼,并在穿弦眼上系好。之后,用旧牙刷梳理弓毛,把梳理过的弓毛张紧之后穿过另一个穿弦眼,然后系上。安装完弓毛之后,在弓毛上涂松香备用。

4.其他零部件的制作

(1)琴轴的制作

却云敦认为那把"清代马头琴"的琴轴用的是比樟松还硬的木料,所以他用桦树制作了琴轴。

琴轴总长度为170毫米。这把琴的琴轴为一头粗一头细的圆柱形。粗面的直径为21毫米,细面的直径为15毫米。

琴轴的制作需要锯切坯料、画轮廓、削制琴轴、打穿弦眼等几个步骤,见图2-205至图2-209。制作时用了锯子、刀、铅笔等工具。

图2-205 锯切坯料　　图2-206 画轮廓　　图2-207 削制琴轴

图2-208 反复调尺寸　　图2-209 做好的琴轴

(2)琴码的制作

却云敦认为这把"清代马头琴"的上、下码和琴轴是用同一种木料制作的,所以他也用桦树制作了上、下码。

上码的厚度为 4 毫米, 高度为 28 毫米。上码靠琴杆部位的宽度为 60 毫米,顶弦部位的宽度为 45 毫米。在顶弦部位的 10 毫米和 35 毫米的位置上打顶弦眼。

下码的厚度为 7 毫米,高度为 35 毫米。下码靠皮面部位的宽度为 65毫米,顶弦部位的宽度为 55 毫米。在顶弦部位 10 毫米和 45 毫米的位置上打顶弦眼。

上、下码的制作也是通过锯切坯料,按尺寸先画轮廓,再锯、削、刻制等几个步骤来完成的,见图 2-210 至图 2-212。

图 2-210 画轮廓 　　　图 2-211 削琴码 　　　图 2-212 打顶弦眼

5.花纹的制作和涂颜料

西乌珠穆沁旗男儿三艺博物馆的"清代马头琴"琴箱上的纹饰图案富有民族特色。仿制这把琴时,琴箱花纹的制作和琴头上涂颜料等工作,都由却云敦的助手好日瓦来完成的。其具体制作过程如下:

(1)面板花纹的制作

首先在纸上按尺寸画出皮面花纹的形状。

由于皮面四角的花纹是相同的,因此在纸上用铅笔画出皮面一角的花纹之后,轮流放在新琴箱面部四角把它"复制"一下即可。这样既能节省时间,同时也能保证四角花纹的形状和尺寸一致。

皮面中间部位的花纹是圆形的,把它分成四块之后,每一块的尺寸和形状也是一样的。所以只要在纸上画出其四分之一的花纹,再把它依次"复制"到琴箱皮面正中央位置就可以了。画完图案后再涂上颜料。

画图案:用铅笔画出花纹形状和皮面中心线之后,在皮面上"复制"事先准备好的图案,见图 2-213 至图 2-220。

图 2-213　画花纹

图 2-214　画中心线

图 2-215　在皮面上"复制"花纹

图 2-216　加工印记

图 2-217　"复制"中心位置的图案

图 2-218　描画细节

图 2-219　中心位置图案的绘制过程

图 2-220　画好的图样

涂颜料:涂颜料的过程是先按需求调颜色,之后用毛笔在花纹轮廓上涂颜料,见图 2-221 至图 2-229。

图 2-221　颜料

图 2-222　调色

图 2-223　调好的颜料

图 2-224　涂色

图 2-225　外框涂完

图 2-226　修整

图 2-227　涂中心部位　　　图 2-228　细节修整　　　图 2-229　涂好颜色的图案

（2）侧板花纹的制作，见图 2-230 至图 2-241

侧板花纹的制作工序也跟皮面花纹制作工序相同。先在纸上画出花纹，将花纹"复制"到琴箱侧板上，再调色涂颜料。这把"清代马头琴"几个侧板上的花纹是相同的，所以好日瓦绘制侧板花纹时，只用了一个花纹图样。底部板上没有花纹，直接涂了颜料。

画图案（见图 2-230 至图 2-235）。

图 2-230　描画上端图案　　图 2-231　加工印记　　图 2-232　描画侧面图案

图 2-233　加工侧面印记　图 2-234　描画侧面中心图案　图 2-235　加工侧面中心印记

涂颜料（见图 2-236 至图 2-241）。

图 2-236　颜料　　图 2-237　给中心部位图案上色　图 2-238　给背景上色

图 2-239　给侧面上色　　　　图 2-240　细节加工　　　　图 2-241　涂完色的图案

（3）背板、侧板镶边、底部板涂颜料，见图 2-242 至图 2-246

图 2-242　颜料　　　　　图 2-243　背板上色　　　　图 2-244　音孔上色

图 2-245　镶边上色　　　　图 2-246　琴箱底部上色

（4）琴头、琴杆涂颜料，见图 2-247 至图 2-255

琴头、琴杆没有花纹，所以调好所需的颜料之后，用毛笔涂均匀即可。

图 2-247　调制绿色　　　　图 2-248　给琴头涂色　　　图 2-249　给"马耳朵"涂色

图 2-250　调制红色　　　　图 2-251　给"龙头"涂色　　　图 2-252　给"马鬃"涂色

图 2-253 给牙齿涂色

图 2-254 给马眼睛涂色

图 2-255 细节调整

（5）在琴码、琴轴上涂颜料（见图 2-256 至图 2-258；图 2-258 为涂完颜料后修琴轴穿弦眼的细节）

图 2-256 给琴码涂色

图 2-257 涂好色的琴码

图 2-258 涂好色的琴轴

6.组装和调音

（1）琴杆和琴箱的连接及琴轴的安装

在确保琴杆尾部和上插孔、尾孔完全吻合（可微调上插孔和尾孔的尺寸）的情况下连接琴杆和琴箱。由于琴杆尾部还粘了三块薄木板，因此连接琴杆和琴箱之后，在薄木板和上插口部位涂一次颜料，以保证其颜色的均匀，见图 2-259、图 2-260。

安装琴轴时，注意把琴轴的穿线眼和琴轴槽对齐。

图 2-259 补颜料

图 2-260 装琴轴

（2）琴弦的安装

琴弦的选择和加工工序跟弓弦的选择和加工基本一样。

安装琴弦的工序是先把拉弦绳（或皮绳等）固定在琴杆尾部的穿线眼上，之后在拉弦绳的另一端系好琴弦。梳理好琴弦（却云敦梳理琴弦时用了旧牙刷)之后,再用一个拉弦绳把琴弦的另一端系好。之后,用导绳线把拉弦绳穿过琴头下端的穿线孔(龙鼻子部位的穿线孔)和琴轴穿线眼,最后把它系在琴轴穿线眼上。这样能通过扭转琴轴来调整琴弦的松紧度,见图2-261至图2-268。

图2-261　编拉弦绳　　　图2-262　穿过穿线眼　　　图2-263　系在琴杆尾部

图2-264　拉弦绳上系琴弦　　图2-265　梳理琴弦　　图2-266　穿过穿线孔

图2-267　穿过琴轴穿线眼　图2-268　系在琴轴的穿线眼上

关于传统马头琴的琴弦到底由多少根马尾丝组成,人们的说法也不一致。马头琴制作人孟斯仁虽认为"粗弦120~130根,细弦80~85根",但他也说:"马尾丝根数方面没有具体要求,但那时的弓毛比现在的弓毛粗。"特木齐说:"我一般都不数。因为马尾丝琴弦容易断,所以做得比现在的琴弦粗一点。弓毛也比现在的粗。"却云敦也没数马尾丝,大致估计了一下之后就直接安装在马头琴上了。

(3)琴码的安装,见图2-269、图2-270

下码安装在皮面中心部位偏上的位置,上码安装在琴头(龙头)穿线孔往下80~90毫米的位置。

图 2-269　安装下码

图 2-270　安装上码

琴弦和琴码都安装完成之后，剪掉琴弦和拉弦绳的多余部分，见图2-271、图2-272。

图 2-271　剪掉多余琴弦

图 2-272　剪掉多余拉弦绳

却云敦说："不演奏的时候，为了保护皮面，要把下码取下来或往上推到上侧板的位置上（图2-273）。"这一点与现代木面马头琴有所不同。

图 2-273　"歇码"

（4）调音

却云敦说："传统马头琴的调音只能靠听觉，因为那时没有现在的'调音器'，只能靠经验来调音。"调好音之后，却云敦用这把琴给笔者拉了几首曲子，为了提高其音量、音效，他还在下码下插了一把蒙古刀，见图2-274至图2-276。

图 2-274　调音

图 2-275　试奏

图 2-276　插蒙古刀

※：文章里说西乌珠穆沁旗男儿三艺博物馆馆藏的那把琴是清代马头琴的主要依据有二。其一，博物馆的"说明"介绍说这是清代马头琴。其二，

笔者在 2017 年 1 月 22 日电话采访那把琴的收集人邵清隆时,他也说:"那把琴和内蒙古兴安盟科右前旗博物馆馆藏的传统马头琴都是我收集到的清代马头琴。"西乌珠穆沁旗男儿三艺博物馆馆藏的这把琴是不是清代马头琴可能还需要进一步的考证,但从形制、结构和用料、尺寸等方面来看,这把琴无疑是一把传统马头琴。

参 考 文 献

[1] 梁静,高晓霞.马头琴工艺大师段廷俊的马头琴制作工艺研究[J].内蒙古农业大学学报(社会科学版),2012(3):202-204.

[2] 李旭东,乌日嘎,黄隽瑾.马头琴制作工艺的田野调查——以布和的马头琴制作工艺为例[J].内蒙古大学艺术学院学报,2015(3):44-52.

[3] 通拉嘎.蒙古族非物质文化遗产研究——马头琴及其文化变迁[D].北京:中央民族大学,2010.

[4] 柯沁夫.马头琴源流考[J].内蒙古大学学报(人文社会科学版),2001(1):69-75.

[5] 阿·斯仁那达米德.马头琴的足迹与形制特色[J].中国音乐,1996(1):56-57.

[6] 道尔加拉,周吉.叶克勒曲选[M].乌鲁木齐:新疆人民出版社,1990:4-5.

[7] 格日勒扎布.叶克勒与马头琴之比较研究[J].卫拉特研究,1995(2):60-63.

[8] [日本]鸟居きみ子.土俗學上より觀たる蒙古[M].东京:大鐙閣,昭和二年(1927年):371-372.

[9] 胥必海,孙晓丽.马头琴源流梳证[J].四川文理学院学报,2011(3):120-123.

[10] [丹麦]亨宁·哈士纶.蒙古的人和神[M].徐孝祥,译.乌鲁木齐:新疆人民出版社,1999:322.

[11] [蒙古国]格·巴达拉夫.蒙古乐器史(蒙古文版)[M].乌兰巴托:科学、高等院学术出版公司,1960:59-60.

[12] [蒙古国]巴达玛哈屯.蒙古部族学(蒙古文版)[M].敖特根,等转写.呼和浩特:内蒙古人民出版社,2013:537.

[13] 乌兰杰.关于马头琴的历史(蒙古文版)[J].草原歌声,1985(2):37-40.

［14］色·青格乐.试论马头琴的起源和发展(蒙古文版)[J].戏剧,1989(1):96-109.

［15］李旭东.马头琴制作工艺及对艺术表现之影响[D].呼和浩特:内蒙古大学,2014.

［16］[法国]Alwa Tizik.关于马头琴(蒙古文版)[J].内蒙古社会科学,1988(6):92-97.

［17］马克斯尔扎布.弦线征服——马头琴(蒙古文版)[M].海拉尔:内蒙古文化出版社,2000.

［18］晓梦.马头琴的制作(二)[J].乐器,2005(12):22-23;何苗.马头琴结构及制作艺术的发展[J].黑龙江民族丛刊,2016(4):149-153;边疆.蒙古族的马头琴[J].中国音乐,1984(1):75-76.

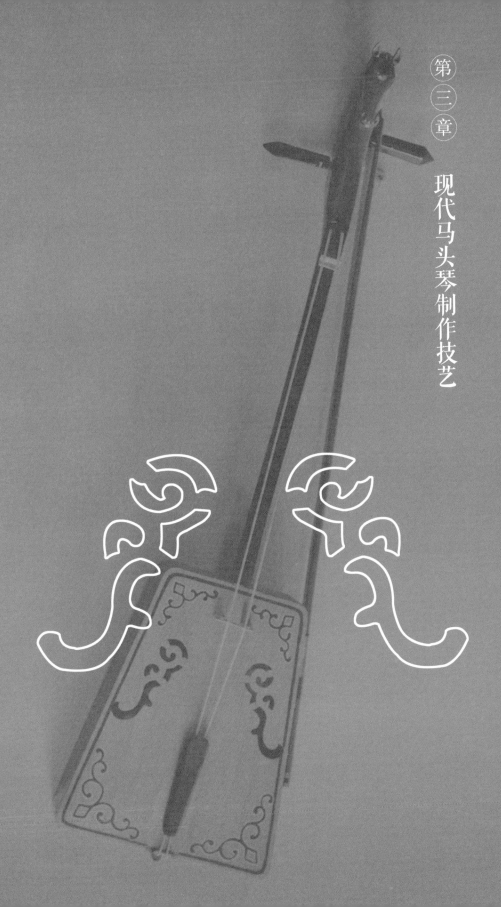

现代马头琴不仅在形制结构、尺寸比例和用料等方面与传统马头琴有所不同，其制作技艺也与传统马头琴制作技艺有很明显的区别。本章以国家级非物质文化遗产项目民族乐器制作技艺(蒙古族拉弦乐器制作技艺)代表性传承人哈达的普及琴制作技艺为例，介绍现代马头琴制作技艺，同时结合部分现代马头琴制作人访谈资料来说明现代马头琴制作技艺的多样性和地域性等问题。

第一节

哈达的马头琴制作技艺

一、哈达简介

哈达(蒙古语，意为"岩石")，1962年出生于内蒙古哲里木盟(今通辽市)扎鲁特旗巴彦芒哈苏木巴彦塔拉嘎查的一个农民家庭。1981年毕业于道老杜中学(高中)。1982年前往当时的哲盟艺校自费进修马头琴演奏，为期45天。1983年4月去兴安盟科右中旗乌兰牧骑(文工团)工作。在乌兰牧骑时主要负责演奏各种弓弦乐器，比如马头琴、四胡、大提琴等。在乌兰牧骑工作25年后，2008年调到科右中旗文化馆文艺组工作至今。

哈达从1998年开始制作现代木面马头琴，当年他就注册了一个叫"图什业图民族乐器厂"的制琴厂。2005年前后，他把厂子改为"艾吉马民族乐器厂"(艾吉马，蒙古语，意为"旋律")。"艾吉马民族乐器厂"这个名字一直用到2015年3月。2015年3月，他又建立了"科右中旗'胡格吉木'蒙古族拉弦乐器制作传承基地"(胡格吉木，蒙古语，意为"乐曲")。2008年哈达被命名为"内蒙古自治区非物质文化遗产项目'蒙古族拉弦乐器制作工艺'代表性传承人"，2012年被命名为"国家级非物质文化遗产项目'民族乐器制作技艺(蒙古族拉弦乐器制作技艺)'代表性传承人"，2015年10月获得"内蒙古自治区工艺美术大师"称号。

笔者在近两年之内，先后4次去内蒙古兴安盟科右中旗白音胡硕镇采访哈达,并拍摄、记录了他的马头琴制作过程。在2016年8月对哈达马头琴制作技艺进行跟踪调查时,他还没有雕刻琴头的数控机床等机器设备。但当时他的年产量也超500把(订单多时须临时雇人帮忙)。据哈达介绍,除了内蒙古客户外,国内其他省市及日本、蒙古国、澳大利亚等国家的客户,也都买过他的琴。近些年,哈达也在努力提高售后服务水平,同时积极探索网络销售等新的销售途径。

在调查哈达马头琴制作技艺过程中,笔者发现哈达是颇有创新思维并且敢于创新的制琴人。单从他对乐器和制琴工具等的改革,我们就可以看到这一点。

(一)工具设备等的改革

粘接琴箱是现代马头琴制作中的一个细活儿。因为现代木面马头琴四个侧板间的粘接面很窄,加上在粘接面上涂胶后更不好把握其整体匀称性,弄不好就会导致琴箱走形或影响粘接效果。因此有些制琴人尝试用绳子捆,但效果不是很好,速度也上不来。为此,哈达自己研制出了一个"侧板固定器(图3-1)"。由于这个固定器是按侧板框外部尺寸来制作的,所以将在粘接面上涂好胶的四个侧板按顺序摆放在模型里,它们自然就粘接在一起了。之后,在确保粘接面完全吻合的情况下,在侧板框的四角上用气枪打钉子加固。打完钉子后,从固定器里取出侧板框,放在一边晾干即可。

哈达不仅研制出一些手工工具,他还改装过一些电具,使它们用起来更为方便。如把原来的砂轮机改装成一边是砂轮、另一边是砂布的新型机器(图3-2)。

图3-1 哈达研制的马头琴"侧板固定器"　　图3-2 哈达改装的"砂轮机+砂布机"

图3-3　马耳朵被折断的琴头

图3-4　皮耳朵琴头

图3-5　准备扫描雕刻的新琴头

图3-6　哈达制作的八头马头琴的琴头

（二）马头琴琴头的改革

哈达接受采访时说："现在马头琴的马耳朵容易折断，仔细观察你会发现，很多琴的马耳朵都折断过。之前我也做过很多实验，比如，用皮子做马耳朵等。现在我想改变马鬃的长度和厚度来保护和加固马耳朵。马鬃比马耳朵略高一点或保持同样的高度，那样有利于保护马耳朵，马耳朵就不会那么容易被折断了（图3-3至图3-5）。"

此外，哈达还制作过八头马头琴（图3-6）。他的八头马头琴是在2014年制作的，还获得了内蒙古自治区级别的奖项。

（三）四胡的改革（图3-7、图3-8）

（1）倍低音四胡的研制

2005年，哈达做了一把倍低音四胡。这种四胡把说胡仁乌力格尔（蒙古语，意为"说书"）时用的低音四胡"降低了两个八度"。哈达说："这是我自己研制的。它的特点是声音很粗，便于演奏，有基础的人（已掌握基本演奏技能的人）都会拉。现在有不少人在用这种四胡，其他人也开始制作这种四胡了。"

图 3-7　左三(最高的)为哈达研制的
倍低音四胡

图 3-8　倍低音四胡的琴桶

（2）8 米高的四胡

2012 年 8 月,哈达制作了一把 8 米高的四胡(图 3-9)。这把琴的琴箱、琴杆均用红花梨制作,琴弦是羊肠线。演奏时,需要三个人合作。这把琴现在被兴安博物馆收藏,当时兴安博物馆出价 10 万元人民币购买哈达的这把琴。

图 3-9　8 米高的四胡(网上资料图)

二、哈达制作的马头琴种类及其结构

哈达说他做的马头琴有 3 种,即挖板琴、普及琴和小孩琴。据哈达介绍,所谓挖板琴,就是用凿子、刻刀等挖制面板的琴。普及琴就没有这些程序,直接"用低音梁撑出弧形面板"。小孩琴的形制、结构跟普及琴一样,只不过尺寸比普及琴要小一些。

下面这把琴是他给笔者做的普及琴（图3-10）。

（一）木面马头琴整体结构

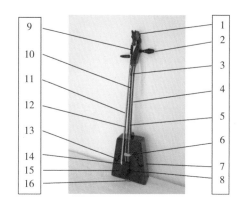

1.琴头；2.琴轴；3.上码；4.琴杆；5.琴弦；6.下码；7.侧板；8.拉弦板；9.弓毛库；

10.指板；11.弓毛；12.弓杆；13.音孔；14.弓头；15.面板；16.尾枕。

图3-10　哈达普及琴结构示意图

从图3-10可以看出，一把普及琴主要由琴头、琴轴、琴杆、指板、琴弦、上码、下码、面板、音孔、侧板、背板、拉弦板、尾枕、弓杆、弓毛、弓毛库、弓头等组成。有些琴的琴头也可能刻有"马头＋龙头"，面板上也可制作不同的花纹。

（二）琴箱内部结构

琴箱内部结构，见图3-11至图3-13。现代马头琴琴箱内一般都有首木和尾木。但哈达说，首木、尾木可有可无，他给笔者做的这把琴就没有首木、尾木。

音梁

角木

尾孔

音柱

图3-11　琴箱内部结构（手机拍摄图）

上插孔

图 3-12 琴箱外部结构

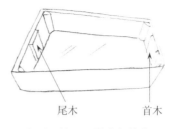

尾木 首木

图 3-13 琴箱内部结构

（笔者绘）

三、场地和工具

（一）场地

场地，见图 3-14 至图 3-17。哈达先后换了两次场地。1998 年，他在自己家里做琴。2005 年前后，他买了 180 米² 的房子（含地下室）作为制琴厂，并把厂子的名称改为"艾吉马民族乐器厂"。现在，科尔沁右翼中旗职业技术学校的院里有约 400 米² 的制琴厂（包括 1 个烤漆房、3 个制作室、1 个民族工艺展览室）。

图 3-14 民族乐器制作室 1

图 3-15 民族乐器制作室 2

图 3-16 民族乐器制作室 3（外景）

图 3-17 民族乐器制作室 3（室内）

(二)工具

1.手工工具

手工工具主要有斧子、刀、手锯、钢锯、各种锉子和凿子、老虎钳、台式虎钳、扳手、三角尺、铅笔、螺丝刀、锥子及各种模型和夹具等,见图3-18至图3-20。

图3-18　部分手工工具　　　　图3-19　夹具　　　　图3-20　音孔模型

2.初期使用的一些电具

这一时期开始使用一些电具,主要有电刨子、砂光机、刨光机、车床、带锯、台式锯床、木工切割机等,见图3-21至图3-24。

图3-21　电刨子　　　　　　　　图3-22　砂光机

图3-23　台式锯床　　　　　　　图3-24　木工切割机

3.新进的机器设备

哈达被科尔沁右翼中旗职业技术学校借调后,学校新进了一些先进设备供他使用。这些新设备包括数控机床、万能刃磨机、自动纵剖单片锯、接木机、梳齿机等,见图 3-25 至图 3-28。哈达现在基本熟悉了这些机器设备,也会用数控机床来完成琴头雕刻和琴箱上的纹饰图案的雕刻、音孔的制作等细活。

图 3-25　数控机床

图 3-26　万能刃磨机

图 3-27　自动纵剖单片锯

图 3-28　接木机

除此之外,在马头琴的制作过程中,还需要各类胶。哈达在制作过程中,用过驴皮胶、鳔胶(猪皮胶)、鱼皮胶和白乳胶、"哥俩好"胶、101 胶、502胶等不同的胶。

不同工具的具体用途在以下制作过程的介绍中会加以说明。

四、木材的运输和加工

哈达现在用的大部分木材是从北京东坝木材市场采购的。木材里有色木、大叶紫檀、小叶紫檀、黑檀、红檀、红酸枝、黑酸枝、红花梨等。据哈达介绍，从北京购买的色木(枫树)不如当地的五角枫好，但当地五角枫是保护树种，不能砍伐。

在运输方面，他以前用长途客车运木材，就是把木材放在长途客车行李箱里，支付司机运费。现在都通过物流，也不用自己来回跑，订单付款后全心制作马头琴就可以了。

从北京运来的木材，基本都是已晾干的木材，可根据需要继续加干。哈达说："如果木材少，可以在热炕上烘干或放在地窖里晾干。"哈达以前都用自然干燥的方法，但现在在使用电干的方法，见图 3-29。他说不管哪一种情况，干燥时一般都把木材按"井"字形摆放，这样便于通风。电干时还需要注意温度，不能超过 100 ℃，超了就有起火的危险。木材的湿度不一样，所以电干所需的时间也不等。

等木材晾干后就可以按尺寸需求锯切备用了，见图 3-30。

图 3-29　电干木料　　　　图 3-30　木料加工

五、制作技艺

哈达所说的挖板琴、普及琴、小孩琴的制作工序基本一样。其制作过程可分为琴头和琴杆的制作、琴箱的制作、琴弓的制作、其他零部件(琴轴、拉弦板、琴码等)的制作、喷漆、组装、调音 7 个主要步骤。

(一)琴头和琴杆的制作

1.琴头和琴杆半成品的加工

2016 年 8 月，笔者对哈达的马头琴制作技艺进行跟踪调查时，他还没有雕刻琴头的数控机床。不过当时他也不是手工雕刻琴头,而是直接从呼和浩特市某乐器厂购买现成的琴头、琴杆。拿回去之后,自己稍加工再喷漆,就可以直接用在马头琴上。据哈达介绍,刚开始做马头琴的时候,他也靠手工雕刻制作琴头,但现在那样做就"太费时间"了。

哈达用的琴头、琴杆一般都是用色木(枫木)、红木做的,而且琴头和琴杆是一体的(不是刻好琴头后再粘上去的)。

琴杆为前平后圆的半圆体,而且是上下粗、中间细的结构。普及琴的琴杆(粘指板的一面)一般上下宽度为 28 毫米,中间部位的宽度为 25 毫米左右。厚度为上下 28~30 毫米,中间部位 22~25 毫米。成人琴和小孩琴的指板长度也不同,一般成人琴的指板长度为 500 毫米,小孩琴的指板长度为 430~450 毫米。

买来时,琴头、琴杆上的铜轴槽、铜轴、琴弦孔和指板等都已制作和安装好了,所以他不用为此再费时间。后续加工工作主要有马耳朵的加工和喷漆等,见图 3-31 至图 3-34。

图 3-31　锯开马耳朵

图 3-32　马耳朵的加工

图 3-33　用砂纸打磨

图 3-34　涂酒精消毒液

在已加工好的琴头和琴杆上涂酒精消毒液是为了方便打磨。涂完酒精消毒液后需要晾干，晾干时注意不能暴晒。晾干时间取决于当时的温度和湿度，一般需 4 小时以上。等干了之后，再次用细砂纸打磨，保证琴头和琴杆的光滑精致。哈达说："只有这样才能保证喷漆效果。"

2.连接榫、木卯的制作和黏合

在买来的琴杆尾部还需要粘接木料，粘接的木料是穿过琴箱内部的部分。它的作用是连接琴杆和琴箱。粘接时，先在琴杆尾部制作连接榫，用其他木料来制作木卯，之后再把它们黏合。

（1）连接榫的制作

连接榫的长度没有统一的标准，它的主要作用是调整琴杆的角度。

制作连接榫时先锯掉琴杆尾部两侧的多余木料，之后在琴杆尾部的准确位置画好连接榫的轮廓，再用带锯锯切，最后用锉刀锉平修整，见图3-35至图 3-38。

图 3-35　用带锯锯掉多余的木料

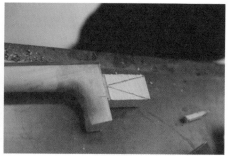

图 3-36　画连接榫的轮廓

图 3-37　用带锯锯切

图 3-38　用锉刀锉平

（2）木卯的制作

哈达说接木卯的主要目的是为了节省琴杆木料。制作木卯的木料没有严格的要求，可以用一般的木料来制作。

普及琴的木卯厚度一般为 20 毫米，宽度一般为 28~30 毫米。

木卯的制作方法也是先锯切木料，再按连接榫的形状和尺寸大小在准确位置上画好木卯的轮廓，用带锯锯掉多余的木料后，再用砂布机打磨，确保连接榫和木卯完全吻合，见图 3-39 至图 3-42。

图 3-39　锯切坯料

图 3-40　画木卯轮廓

图 3-41　锯掉多余木料

图 3-42　用砂布机打磨木卯

（3）连接榫和木卯的黏合

确保榫卯能完全吻合之后，在榫卯粘接处涂白乳胶黏合，再用气钉枪打钉子加固，放置 24 小时以上。晾干时注意通风，见图 3-43 至图 3-47。

图 3-43 确保榫卯能完全吻合　图 3-44 备好的白乳胶　图 3-45 在粘接面上涂胶

图 3-46 在木卯上涂胶　　　　图 3-47 黏合榫卯后打钉子加固

制作并黏合好连接榫和木卯后,琴头和琴杆部分的制作就基本完成了,见图 3-48。待把琴箱制成之后,按琴箱上插孔和尾孔尺寸再次调整和打磨连接榫和木卯外部细节,之后就可以喷漆、组装了。

(4)木卯尾部的修整

等琴箱尾孔(圆形的尾孔直径为 17~20 毫米)和上插孔制成之后,按尾孔的尺寸再次加工木卯尾部。木卯尾部是插进尾孔里固定琴杆用的,所以一定要确保其尺寸正好,使琴杆尾部和琴箱底部紧紧固定在一起。

图 3-48 做好的琴头和琴杆

木卯尾部的修整工序是先把琴杆通过上插孔插进琴箱里,确定准确位置之后按尾孔形状和尺寸在木卯尾部画出轮廓,之后用带锯锯掉多余木料,再用砂布机打磨,见图 3-49 至图 3-52。

图 3-49　确定琴杆的准确安装位置

图 3-50　按尾孔形状、大小在木卯尾部
画轮廓

图 3-51　用带锯锯切多余木料

图 3-52　用改装的砂布机打磨

(二)琴箱的制作

1.侧板制作

(1)锯切、刨平侧板坯料

马头琴侧板通常有 4 块,即琴箱上、下板和两个侧面板。哈达一般用色木来制作马头琴侧板。他现在主要从北京、呼和浩特等地购买色木。这类色木的价格为"1 米³约 2 000 元",做一把马头琴的侧板大概需要 100元。

侧板尺寸也不等。哈达普及琴的两个侧面板长度为 320 毫米,下板长度为 275~280 毫米,上板长度为 175~180 毫米,宽度为 70 毫米,厚度为 5 毫米。挖板琴的两个侧面板长度为 320 毫米,下板长度为 275~280 毫米,上板长度为 175~180 毫米,宽度为 80~90 毫米,厚度为 2~3 毫米。

制作侧板时,先按侧板的尺寸锯切木料。在这一过程中,需要注意留余料,待把琴箱做好之后,锯切多余的木料,再进行细致打磨。由于哈达之前已锯切好了一批侧板坯料,所以笔者当时未能拍摄到坯料的锯切过程(图3-53)。

图 3-53　事先准备好的普及琴侧板坯料

锯切木料时,哈达采用径切的方法。关于径切的好处,《马头琴的制作》一文中记:"一般材料从原木加工成板材时都使用弦切的方法,但制造弦乐器的原木是采用径切的方法。加工出来的木材不易变形比较牢固,保持了木射线的完整,因此提高了木材的横向弹性模量,径切材料的形状就像一块'西瓜瓣'。……这样就使木纤维的走向与表面平行。"[1]

锯切完侧板坯料之后,用电刨子刨平,再用木工切割机切出不同的角度,准备粘接4块侧板。其中在两个侧面板的下端和下板的两端各切出50°的角,在两个侧面板的上端和上板的两端各切出40°的角(图3-54至图3-56)。

图 3-54　刨平侧板坯料　　图 3-55　切出适当的角度　　图 3-56　切好的侧板

(2)炼胶

哈达的马头琴制作过程比较机械化,做的马头琴基本都是现代木面马头琴,但他制作过程中仍在使用鱼皮胶等传统胶。笔者问哈达为什么不用"哥俩好"胶、502 胶等现代化学胶粘接侧板,他说:"虽然'哥俩好'和'502'粘得快,效果也好,但时间长了它就不如鱼皮胶等老胶,胶的性质一变,琴箱就会开裂,所以还是用老胶好。"

鱼皮胶与现代化学胶不同,用它来黏合木材时还需要先炼胶(见图3-57至图 3-59)。炼胶时,先用温水把固体的鱼皮胶泡好,泡到完全融化的时候,放进电饭锅里用小火煮。胶煮好后趁热用,那样效果更佳。由于学校教学楼里不便点火煮胶,所以哈达一直用电饭锅煮胶。这种电器煮胶法与却云敦的煮胶法基本相同。

图 3-57 固态鱼皮胶　　　　图 3-58 泡胶　　　　图 3-59 煮胶

(3)黏合侧板(图 3-60 至图 3-63)

黏合侧板时,哈达在用自己研制的侧板固定器。对此,他说:"有人会用绳子捆住已涂胶的四个侧板,那样不稳,也不好捆,我一直没用绳子。我用固定器是在多年工作过程中慢慢琢磨出来的,可以说这是我的创意。这固定器我已经用了五六年,别人没有这种工具。用固定器固定好后再打钉子,侧板框想动也动不了,比用绳子捆方便得多,也更快。"

在侧板粘接面上涂胶时,哈达通常把 4 个 50° 或 40° 的角叠成一个面涂胶,他说那样更快而且也能节省胶。涂完胶后,把四个侧板依次放进侧板固定器里。用固定器把四个侧板稳稳地粘在一起后,再用气钉枪在四角上打钉子,之后就可以把侧板框从固定器里取出来放在一边晾干了。哈达说在琴箱的后期打磨过程中会把打钉子的部分锯掉,所以这种打钉子的方法对琴的音色不会产生明显的影响。把粘好的侧板框放置 24 小时晾干之后,就可以进行下一步的加工了。

图 3-60　把相同的四个角叠在一起涂胶

图 3-61　把侧板依次放进侧板固定器里

图 3-62　用气钉枪在四角上打钉子

图 3-63　用测量对角的方法验证是否对称

2.角木的制作和粘接

在木面马头琴侧板框四个角内粘的细长的小木块叫角木。角木是加固侧板框四角粘接部分的木块，它的长度与侧板宽度相当或比侧板宽度略短一些。角木的宽度和厚度没有严格的标准，但也不能太宽或太厚，那样会"影响音色"。哈达一般用白松和杨木制作角木，其宽度和厚度均为 10 毫米左右。

制作角木时，先按尺寸锯制细长的角木坯料，再用台式老虎钳夹住细木条按尺寸切断备用（图 3-64、图 3-65）。

图 3-64　锯制角木坯料

图 3-65　按照侧板宽度尺寸切断角木

　　用白乳胶或煮好的鱼皮胶粘好角木后，同样需要放置 24 小时，之后再修角木。修角木时先用凿子和刻刀等去掉角木没涂胶的一半，把角木修成三角形。哈达说："这是为了扩大琴箱内部的空间。琴箱的厚与薄会直接影响音色。圆形物体里的声音比方形物体里的声音要好听。"之后用修边机修角木两端，这是为了避免黏合面板和背板时出现开裂现象。用修边机修完角木后，再用砂光机打磨侧板框，准备黏合面板和背板，见图 3-66 至图 3-72。

图 3-66　用白乳胶粘好的角木

图 3-67　用凿子修角木

图 3-68　修好的三角形角木

图 3-69　修角木时用的工具

图 3-70　用修边机修角木两端

图 3-71　最后定型的角木

图 3-72　打磨侧板准备粘接面板和背板

123

3.背板的制作

哈达一般都用色木制作背板。普及琴和挖板琴的背板尺寸也不同。普及琴的背板厚度大概为 5 毫米,上边宽度为 175~180 毫米,下边宽度为275~280 毫米,中心线长度大概为 310 毫米。挖板琴背板的上下宽度和中心线的长度跟普及琴的一样,但厚度不同,挖板琴的为 2~3 毫米。

哈达制作这把普及琴的背板时,选用了整块木板。制作前,先把侧板框放在事先锯好的整块板上,画出背板的轮廓,再用电锯锯制出背板。锯切时也留出一定的边(图 3-73 至图 3-75)。

图 3-73　画出背板轮廓　　　图 3-74　锯制背板　　　图 3-75　待黏合的背板

4.面板的制作

哈达对面板的木料要求比较高,他一般用白松木制作挖板琴的面板,用梧桐木制作普及琴的面板。

挖板琴和普及琴的面板尺寸跟背板尺寸一样。与上述背板尺寸相同,不管哪类琴,其面板上边宽度都是 175~180 毫米,下边宽度都是 275~280 毫米,中心线长度大概为 310 毫米。但面板厚度有所不同,普及琴的面板厚度为 5 毫米左右,而挖板琴的面板厚度只有 2~3 毫米。

哈达选用整块木板做了这把普及琴的面板。制作时,先按尺寸锯切坯料,锯切时还需要留一定的边。之后,画出面板的中心线,在中心线两侧雕出两个音孔。做完音孔之后,再粘接已做好的低音梁。

（1）音孔的制作

比起背板,面板的制作工艺更复杂一些,因为面板上还需要雕出音孔和饰纹等。哈达给笔者演示制作的普及琴的面板上没有饰纹,只雕出了正反方向(前正后反)的蒙古文"ᠪᠠ(读[ba])"字形音孔。哈达说,音孔的形状、大小都没有严格的标准,但两个音孔间的距离应该为 60~80 毫米。

哈达现在雕刻音孔时,基本都用数控机床雕刻。其顺序是,先在电脑上设置好音孔图案和尺寸,然后在机床准确位置上摆放好面板坯料并上夹具固定,一切准备好后用机器雕刻(图 3-76 至图 3-78)。他说:"用数控机床之后,速度提高了很多。"

图 3-76　固定面板坯料　　　图 3-77　音孔的雕刻　　　图 3-78　雕刻好的音孔

(2)锯制面板(图 3-79、图 3-80)

雕完音孔之后,按尺寸锯制面板。锯制面板的步骤跟制作背板的步骤一样,在面板坯料上放侧板框,画出面板的轮廓,再用电锯锯掉多余的木料。

图 3-79　画出面板的轮廓　　　　　　图 3-80　锯切面板多余木料

其实包括哈达在内的很多马头琴制作人现在都在用粘接两块木板的方法来制作面板。这样做既能节省木料,又能确保好的振动效果。粘接的两块木板必须是径切的木板,而且是同一块木材的相同部位,见图 3-81 至图3-84。马头琴制作人布和的话来说:"以临近的两块木材为一组,在外表部分胶接……这样的用材设计使琴板的两侧完全对称,有利于振动。"[1]

图 3-81　确保粘接面完全吻合　　　　图 3-82　涂鱼胶

图 3-83　黏合两块木板

图 3-84　需要晾干 24 小时以上

（3）低音梁的制作和黏合

所谓低音梁，就是粘在面板内侧的木条，它的作用是把琴码的振动传送给整个面板，使面板整体振动。

用什么木料制作低音梁也因人而异，有人用白松木做，也有人用红松木等。白松木是哈达经常用的低音梁木料。

做低音梁的木料"也需要径切"，这样"便于传递振动"。低音梁的长度为 280~290 毫米。低音梁的位置是靠面板中心线左侧，上端离中心线 15 毫米，下端离中心线 17 毫米左右。在面板内侧粘低音梁时，上下均留 10~15 毫米的边。哈达说低音梁的宽度和厚度因人而异，没有统一的标准。

制作时先按尺寸锯切低音梁坯料，再用砂光机制作一侧为弧形的低音梁（图 3-85 至图 3-87）。

图 3-85　刨平低音梁的坯料

图 3-86　按尺寸锯切

图 3-87　用砂光机制作弧形低音梁

黏合低音梁时需要先画出面板的中心线和低音梁的位置（图 3-88、图3-89）。

图 3-88　画中心线　　　　　　　　图 3-89　画低音梁的位置

哈达常用白乳胶黏合低音梁。把白乳胶涂在低音梁的弧形一侧和面板的低音梁黏合处。把低音梁弧形一侧和面板黏合后，还需要上夹具夹住它们，这样才能保证粘接效果，并能达到做出弧形面板的目的（图 3-90 至图3-93）。用低音梁的弧形面给面板施加压力，使面板变成弧形面板，哈达的普及琴面板基本都是这么做出来的。

图 3-90　在低音梁的弧形面上涂胶　　图 3-91　在面板低音梁位置上涂胶

图 3-92　粘好后用夹具夹住　　　　图 3-93　用夹具夹住低音梁的两端和中间部位，使面板变成有弧度的面板

　　放置 24 小时后,便可卸掉夹具,之后再用凿子修整低音梁的两端和外表(图 3-94 至图 3-96)。哈达说:"修边主要是为了把低音梁变成弧形的,那样琴箱内部空间会变大,以此来确保音色更好。"修完低音梁后,面板的制作也基本完成了。

图 3-94　修整低音梁的两端　图 3-95　用改装的砂布机打磨　图 3-96　粘好低音梁的面板

5.背板和侧板框的胶合

　　背板和侧板框的胶合(图 3-97 至图 3-102)。侧板框和背板、面板都做好之后,开始胶合。胶合时,哈达用了白乳胶(也可以用其他胶)。

　　胶合时,先把白乳胶涂在侧板框和背板内侧的粘接处。黏合背板和侧板后上夹具,再用扳手拧紧夹具的螺丝,保证其黏合质量。

图 3-97　在背板上涂胶　图 3-98　在侧板框粘接面上涂胶　图 3-99　背板和侧板框的胶合

图 3-100　上夹具　　　图 3-101　拧紧夹具的螺丝　　图 3-102　放置24小时以上

　　用白乳胶胶合需要放置 24 小时以上,之后可卸掉夹具。

6.面板和侧板框的胶合

　　面板和侧板框的胶合,见图 3-103 至图 3-106。面板和侧板框的胶合工序跟背板和侧板框的胶合工序是相同的。先在侧板框和面板内侧粘接处涂白乳胶,黏合后,再上夹具,用扳手拧紧螺丝,然后放置 24 小时以上。

图 3-103　在面板粘接处涂胶

图 3-104　在侧板框粘接处涂胶

图 3-105　胶合面板和侧板框

图 3-106　上夹具放置24 小时以上

7.琴箱的加工

琴箱的加工(图 3-107 至图 3-114)。面板、侧板框、背板完全黏合之后,就可以卸掉夹具修整和打磨琴箱了。

卸掉夹具后,先用老虎钳拔掉侧板框四角上打的钉子,再用电锯锯掉面板、背板多余木料,之后用电刨子、砂光机打磨琴箱六个面和四个角,最后用各种密度不同的砂纸(从粗到细)进行手工打磨,使琴箱的表面变得光滑、精致。

图 3-107　卸夹具

图 3-108　拔掉钉子

图 3-109　锯掉多余木料

图 3-110　用电刨子刨平

图 3-111　打磨琴箱六个面

图 3-112　打磨琴箱四个角　　图 3-113　用各种砂纸进　　图 3-114　打磨好的琴箱
　　　　　　　　　　　　　　　　　　行手工打磨

8.上插孔的制作

上插孔的制作,见图 3-115 至图 3-120。上插孔是连接琴箱和琴杆的孔,即把连接榫部分插进这个孔里。

上插孔在琴箱上部侧板上,具体位置是在上侧板的中心线上,从面板向内 15 毫米处,长 28~30 毫米,宽 18~20 毫米。

制作时,首先在上侧板上准确画出上插孔的轮廓,然后通过钻、锯等方法来制作上插孔,最后打磨修整即可。

哈达这次制作上插孔时,为了便于锯切,先用麻花钻钻出了两个孔,后用电锯扩锯出了四方形插孔(做成四方形是为了避免琴杆转动)。

图 3-115　找出中心线　　图 3-116　上插孔位置的　　图 3-117　画好上插孔的轮廓
　　　　　　　　　　　　　　　　确定

图 3-118　钻出两个孔　　图 3-119　扩锯出插孔　　图 3-120　成型的上插孔

9.尾孔的制作

尾孔的制作,见图 3-121 至图 3-126。尾孔是琴箱底部的孔,是插木卯尾部的孔。把连接榫和木卯插进尺寸恰好的上插孔和尾孔之后,琴杆和琴箱就紧紧地连成一体了。

尾孔在底板的中心线上,在面板向内 20~27 毫米的位置。尾孔的形状没有统一的标准,但通常有圆形和四方形两种。哈达给笔者演示做的普及琴的尾孔是圆形的,其直径为 18 毫米。哈达说四方形的尾孔尺寸约为 15毫米 × 15 毫米。

尾孔的制作工序基本跟上插孔的制作工序一样。要先确定尾孔的位置并画出其轮廓,再用同样直径的开孔器开孔,用开孔器开孔时需用到台式锯床。

图 3-121　找出底板中心线　图 3-122　画出尾孔的轮廓　图 3-123　用开孔器钻出尾孔

图 3-124　制好的尾孔　图 3-125　各种型号的开孔器和麻花钻

图 3-126　台式锯床

(三)琴弓的制作

以前哈达自己做琴弓,但后来不做了,原因是"现在市场上有了好用又便宜的琴弓"。对此,他说:"市场上的弓不仅好看,还不贵,也就几十块钱,自己做浪费时间,也不一定就比人家的好看。"

哈达现在用的琴弓是从浙江省买来的,因所用的材料不同,其价格也不等,有 100 多元的,也有 70~80 元的。

图 3-127 为哈达给笔者演示制作的马头琴上配的弓子。弓杆长度为 820 毫米，弓毛为"人造马尾丝"（哈达），其长度为 690 毫米。

图 3-127　哈达给笔者演示制作的马头琴上配的琴弓

（四）其他零部件的制作

1.琴轴的制作

琴轴的形状可以多种多样，圆的、扁的都可以。但都讲究握持舒适、旋转有力。哈达制作琴轴一般都用黑檀、乌木、色木等木料。

哈达琴轴的长度为 80~100 毫米。制作时，先用锯切、打磨等方法制作琴轴体，之后再用麻花钻开孔。

哈达现在很少靠手工制作这些零部件，而是从市场上买回来直接用，他说那样既便宜又节省时间。在做调查时，为了配合笔者记录，他拿了一个扁形的半成品，在上边用麻花钻开了两个孔，一个是与铜轴柄连接的孔，另一个是固定木轴的孔（图 3-128 至图 3-130）。

图 3-128　钻出连接孔　　图 3-129　确定出孔的位置　图 3-130　钻出固定木轴的孔

2.拉弦板的制作

哈达说，挖板琴（或高档琴）的拉弦板用红木、乌木制作，普及琴的拉弦板用普通木料制作后上漆就可以。但不管用什么木料，前提是必须让它充分干燥。

拉弦板也没有统一的形状。哈达制作的拉弦板长度为 120 毫米，宽度一般为 28~30 毫米，厚度为 10 毫米。

制作拉弦板时，先在坯料上准确画出拉弦板的轮廓，再用电锯锯掉多余木料，然后用砂光机打磨（图 3-131 至图 3-133）。

图 3-131　画拉弦板的轮廓　图 3-132　按尺寸锯切木料　图 3-133　用砂光机打磨

拉弦板上还需要钻出 2 个槽和 4 个孔。

其中,拉弦板正面上打的 2 个槽分别为拉弦绳库和琴弦库。制作时,先把拉弦板的中心线画好,然后在离两端 20 毫米靠里的位置上打孔,打孔时用直径为 17 毫米的开孔器(见图 3-134、图 3-135)。

图 3-134　画出中心线　图 3-135　用开孔器打孔

之后,在拉弦板的两头钻出通往拉弦绳库和琴弦库的 4 个小孔,即两个穿拉弦绳的孔和两个穿琴弦的孔,分别用直径 3.5 毫米和 2.5 毫米的两种钻头钻出这些孔(图 3-136 至图 3-138)。

图 3-136　画出孔的位置　图 3-137　用电钻钻出孔　图 3-138　做好的拉弦板

3.尾枕的制作

尾枕是垫在琴箱和拉弦绳之间的具有保护琴箱作用的木块。哈达说:"制作尾枕的木料没有严格要求,但高档琴的尾枕用黑檀、乌木等木料做比较好。"

尾枕的形状和长短也没有统一的标准。其长度一般为 30 毫米左右,厚度为 30~50 毫米。

制作尾枕时,先按预定尺寸锯切木料,然后画出尾枕轮廓,再锯掉多余的木料,最后用砂布机打磨,使尾枕变得光滑、精致,见图 3-139 至图 3-143。

图 3-139　锯切木料　　　图 3-140　画轮廓　　　图 3-141　切掉多余木料

图 3-142　用改装的砂布机打磨　　　图 3-143　做好的尾枕

4.上码、下码的制作

哈达说:"制作上码、下码的用料也没有严格要求,但声音效果必须好。"他做挖板琴(或高档琴)的琴码时,多用乌木和黑檀,普及琴的琴码多用色木来制作。

上码、下码的形状和尺寸同样没有严格要求。上码的宽度基本跟琴杆上端的宽度相当,约 28 毫米。高度为 20~30 毫米(具体看用户需求,指甲长的人可以做高一点,短的可做低一点)。上码厚度与其高度有直接关系。

哈达现在基本不做琴码等零部件,因为手工制作这些零部件费时间,用机器制作还需要购买一些专用机器设备,而从市场上购买的话,5 元钱就能买 1 个下码,用哈达的话说,这样"省事"。

为了配合笔者的记录,他给笔者做了一个上码。其制作过程可分为按预定尺寸锯切坯料、画轮廓、锯掉多余木料、打磨、打顶弦眼等几个步骤,见图 3-144 至图 3-150。

图 3-144　按尺寸锯切坯料

下码的形状更是多种多样,所以没有严格

图 3-145 画轮廓

图 3-146 锯掉多余木料

图 3-147 打磨

图 3-148 打顶弦眼

图 3-149 手工加工顶弦眼

图 3-150 做好的上码

的尺寸要求。哈达制作的下码高度一般在 30 毫米以上,宽度为 40 毫米左右。

哈达说:"下码的用料会直接影响一把琴的音色,它是传达振动的部件,所以其选料很重要。"他一般用叫"白牛子"的木料来制作下码。

据哈达介绍,下码的制作工序基本跟上码的一样,也包括锯切坯料、画出轮廓、锯掉多余木料、打磨、打顶弦眼等步骤。但由于时间关系,哈达没能给笔者演示制作下码,而是直接用了从市场上买来的一个下码(图3-151)。

图 3-151 事先购买备用的下码

5.音柱的制作

音柱是安装在面板和背板之间的细长条木。它的作用是把面板的振动传递给背板,拉琴时让面板和背板整体振动。所以音柱的作用很大,选什么材料、怎么制作、怎么安装都很重要。

音柱一般为圆形条木,其直径没有严格的规定。哈达制作的音柱直径一般为8~10毫米。音柱长度跟侧板宽度(哈达普及琴的侧板宽度为70毫米)相当。

哈达一般用白松木制作音柱。制作过程是先按预定尺寸锯切木料。需要注意的一点是,坯料一定要比音柱的实际尺寸略长一些,因为长了可以再次锯切修整,短了就可能浪费了这块木料。制成音柱坯料后再用砂布机把

坯料打磨成圆柱体,之后通过反复修整便可制作出尺寸恰好的音柱(图
3-152、图3-153)。

把音柱制成之后,就可以进行喷漆和组装工作(等喷完漆后再安装音
柱)了。

图 3-152　锯切坯料　　　　图 3-153　打磨

(五)喷漆

哈达现在的喷漆过程可分为 3 个主要步骤,即"涂酒精消毒液,晾干后
再次打磨"、"喷清漆和固化剂,晾干后用水砂纸打磨"和"喷漆"。

第一步:涂酒精消毒液,晾干后再次打磨(图 3-154 和图 3-156)。

在琴箱和琴头、琴杆上涂酒精消毒液后,需要放置 4 小时以上。哈达
说,涂完酒精消毒液后,木料上的毛刺更为明显,这有利于进行细致打磨。
打磨时先用平板砂光机打磨,之后用细砂纸手工打磨。

图 3-154　酒精消毒液　　　图 3-155　涂消毒液　　　图 3-156　用平板砂光机打磨

第二步:喷清漆和固化剂,晾干后用水砂纸打磨。

清漆的作用是使木料变得光滑,加固化剂使木料干得快。所以清漆和
固化剂没有固定比例,根据实际情况加大或缩小其比例均可。喷清漆和固
化剂还有一个目的——不让染料渗进木材里。哈达说:"木材里渗进染料
会影响琴的音色。"

喷清漆和固化剂时,先把清漆和固化剂按一定比例调好,再倒进喷漆枪里(用丝袜过滤),之后用喷漆枪在琴箱、琴杆、琴身上依次喷涂,见图3-157至图3-162。

图 3-157　调好清漆和固化剂　　图 3-158　倒进喷漆枪里　　图 3-159　给琴头喷清漆和固化剂

图 3-160　给琴箱喷清漆和固化剂　　图 3-161　晾干　　图 3-162　可喷 2~3 次

喷完清漆和固化剂后,一般放置 24 小时以上。阴天或天气冷的情况下,可能需要晾更久。

等清漆和固化剂晾干后,需要再次用水砂纸打磨。哈达表示,因为水砂纸是软的, 所以高密度的水砂纸适合最后的打磨。清漆等虽然能填平粗糙处、毛刺,使木料变得光滑,但木料表面过于光滑也会影响喷漆效果,所以再次用水砂纸打磨后才可喷漆,这样喷漆效果更佳,见图 3-163 和图3-164。

图 3-163　用水砂纸打磨琴头　　图 3-164　用干抹布擦干琴头上的水

第三步:喷漆。

喷漆前需要调好清漆、固化剂和红、黄、黑 3 种颜色的染料。制琴者和客户的喜好和需求有所不同，各种染料的比例也没有特定的要求，要根据实际情况来配制，等确定颜色之后再进行喷漆，见图 3-165 至图 3-170。

图 3-165　清漆和固化剂　　图 3-166　准备所需染料　　图 3-167　在清漆和固化剂中加染料

图 3-168　搅拌染料　　图 3-169　查看染料的颜色　　图 3-170　喷漆时用的气泵

喷漆需要喷涂均匀。但一般情况下，琴杆中间部位不喷漆，保留原来的颜色，琴杆两头可以喷漆。有的面板上也不喷漆，对此，哈达说："有人说面板上喷漆会影响音色，我在一些琴的面板上都喷漆了，音色效果还可以。"

哈达现在基本都用气泵喷漆。因漆味太浓，不太适合在屋里喷漆，再加上夏季温度适宜，所以哈达给笔者演示做琴时选了户外喷漆，见图 3-171 至图 3-174。

喷完漆后放置 24 小时以上。哈达说，一般喷 3~7 次才能保证其效果。

图 3-171　在琴箱上喷漆

图 3-172　晾干（琴箱）　　图 3-173　在琴头上喷漆　　图 3-174　晾干（琴头）

在第一次喷完漆放置 24 小时后，用黑色记号笔描画马眼睛，之后进行二次喷漆（图 3-175、图 3-176）。哈达说："只有马的眼睛做得栩栩如生，这把琴才能给人一种有生命、有灵魂的感觉。"

图 3-175　马眼睛的描画

（六）组装

1.琴轴的安装

琴轴的安装，见图 3-177。现代马头琴的琴轴分铜轴和木轴两种。由于哈达买的现成的琴头和琴杆是已经安装好铜轴的，因此用螺丝钉把制作好的木轴固定在铜轴柄上就可以了。

图 3-176　二次喷漆

2.音柱的安装

音柱的安装，见图 3-178 至图 3-183。在连接琴杆和琴箱之前，需要在琴箱里安装音柱。音柱的安装位置是在高音弦一侧，而音梁则安装在低音弦一侧。音柱的长短和安装是否得当会

图 3-177　工人在安装木轴

直接影响音色。所以一定要在精准的位置安装好音柱。但这个位置不是事先画好的，而是"靠制琴人的经验和当时的感觉"。

哈达先进行几次试安装，调试音柱的长短，之后用锉刀进行了几次微调。

确保音柱长短恰到好处之后，他才用镊子和弯钩等工具在面板和背板之间的精准位置将其直立安装上去。

安装完音柱之后，为了加固，哈达在音柱两端涂了少量的胶水。

图 3-178　安装音柱的工具　图 3-179　调整音柱的长短　图 3-180　安装音柱

图3-181　涂胶水加固

图3-182　安装好的音柱

图3-183　琴箱内部的音柱
（图中画框位置）

3.尾枕的安装

尾枕的安装方法因人而异。有的人"挖面板"粘尾枕，但哈达"没有那种习惯"。他直接把尾枕扣放在琴箱边上，让铜丝拉弦绳覆过尾枕（拉弦绳一头是套挂在木卯下面的），再通过琴轴拉紧琴弦，尾枕就固定好了，见图3-184。哈达说："'挖面板'粘尾枕对面板不好，多少会影响音色。"

4.琴弦的安装

改革后的现代马头琴不怎么用马尾丝，而用尼龙线代替了马尾丝。哈达制作的这把普及琴的粗弦（外弦）为120根左右，细弦（内弦）为100根左右。而且他说平时基本不数普及琴的琴弦，全凭感觉。高档琴的琴弦需要数，因为根数准确才能保证更好的音质和音色。

图3-184　用拉弦绳覆过尾枕

琴弦的安装主要经过以下几个步骤：第一，在拉弦板上安装好琴弦；第二，梳理琴弦；第三，把琴弦的多余部分编成麻花辫状；第四，用导线绳把琴弦穿过琴杆上端的穿弦孔，拴在铜轴上。整个过程需要音叉、导线绳等工具（图3-185、图3-186）。

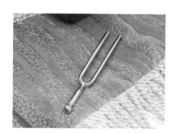

图3-185　音叉

先把高音弦和低音弦的一头穿出拉弦板一侧的两个穿弦孔，再把它们系好，放置在琴弦库里。拉弦板另一端的两个孔是用来穿铜丝拉弦绳的。把铜丝拉弦绳的一头打结，放置在拉弦绳

图3-186　导线绳

库里,另一头套挂在琴箱底部的木卯上,见图 3-187、图 3-188。

图 3-187　在拉弦板上安装　　图 3-188　把拉弦绳套
好琴弦　　　　　　　　　　　挂在木卯上

马头琴的琴弦不能有长短不齐的现象,而且每根弦都要梳理好,只有这样才能减少杂音,以此保证好的音色。

哈达梳理琴弦时,先用手将两束琴弦整理了几回,然后用音叉来完成梳理工作;梳理好之后,把琴弦多余部分编成麻花辫状系好,这是为了保证琴弦的整齐;最后用导线绳把琴弦穿过琴杆上端的穿弦孔,把琴弦上头拴在铜轴上就可以了,见图 3-189 至图 3-192。

哈达制作的这把普及琴的有效弦长(从上码到下码)为 540 毫米。

图 3-189　用音叉梳理琴弦　图 3-190　把多余部分编成
麻花辫状

图 3-191　从穿弦孔穿过琴弦　图 3-192　在铜轴上拴琴弦

5.上码、下码的安装

(1)上码的安装

上码安装,见图 3-193。上码安装在离直板上端 50 毫米左右的位置

（图3-193），用哈达的话来说，就是"留三个手指宽的距离"。

安装时，在上码顶头的两个顶弦眼里把两束琴弦放置好即可。

（2）下码的安装

下码安装在音箱三分之一左右的位置（离上端三分之一的位置），而且是两个音孔的正中间（图3-194）。

哈达说指板和琴弦之间的距离一般为20毫米左右，这跟上码、下码的高度有直接的关系。

图3-193 安装上码　　　图3-194 安装下码

（七）调音

哈达说他之前是"通过键盘乐器来调音的"。但近几年，用智能手机下载调音器APP，基本都用调音器来调音了。他给笔者演示做这把普及琴时，把粗（外）弦调到了G调，细（内）弦调到了C调上。不到1分钟的时间，他就完成了调音的全部过程（图3-195、图3-196）。

图3-195 哈达在手机上　　　图3-196 用调音器调音
下载的调音软件

哈达用这把琴拉两首曲子给笔者听之后评价说："这把琴的音色不错。不过现在刚安装完，过一段时间会更好。几年后的声音肯定比现在的好听。"

马头琴制成之后还需要保养。保养不到位的话，琴再好寿命也不会很长。所以，哈达通常给用户提供保养建议，不仅如此，他还提供售后免费维修服务(由于制作的原因出的问题才会免费维修)。笔者在田野调查工作中发现,现在很多制琴人都有这种"跟踪服务",而且部分制琴人还会事先准备好"保养须知",给用户普及保养马头琴的知识。

那么,怎么保养马头琴呢?需要注意的事项还有很多,如不能把马头琴放在暖气片旁边;有地暖的房间里不能把马头琴放在地上,最好将其放置在通风、阴凉的地方;不能让它暴晒;不能泡在水里;也不能撞击、摔打等。用马头琴制作人色登的话来说:"制作得越细致,它就越娇贵。"正因为如此,潮尔/马头琴制作人巴特才说:"保养也是一门学问。"

总之,哈达是一位具有多年制琴经验的制琴师。他的制琴工具和制作技艺都有自己的一些特点。目前,他把手工制作和机械制作相结合来制作马头琴。在具体制作过程中,他还用了一些半成品,这在另一方面也表明当今的马头琴制作更加专业化、更加精细化了。也许在他的整个制琴过程中还存在一些瑕疵或不成熟之处,但他是目前内蒙古唯一的国家级非物质文化遗产项目"民族乐器制作技艺(蒙古族拉弦乐器制作技艺)"代表性传承人,所以他的马头琴制作技艺具有一定的代表性。相信这一调查、记录对现代木面马头琴制作技艺的保存、保护、研究和传承、振兴都具有一定的现实意义和理论价值。

第二节

部分马头琴制作人访谈资料的对比分析

笔者在 2016 年 2 月至 2018 年 2 月间共访谈了 19 位马头琴制作人。除了国内 2 位传统皮面马头琴制作人和 4 位蒙古国马头琴制作人之外,其余的 13 位国内马头琴制作人[①]均在做现代木面马头琴(关于蒙古国马头琴制作技艺在第四章另加讨论)。在采访、调查过程中,笔者发现这些马头琴制作人的部分访谈资料恰好能补充哈达马头琴制作中被省略的一些工序和制作技艺,同时也能说明现代木面马头琴制作技艺的多样性。

---

① 见本章结尾处。

一、用料的选择和加工方法的对比

现代马头琴的琴杆和侧板、背板等部位主要用枫木制作,面板主要用白松木和泡桐木来制作,就这一点可以说现代马头琴在所用的木料方面已"趋于统一"。但上下码、木轴、拉弦板、指板等其余的零部件用料却没有严格要求,制琴人按自己的喜好、客户需求等使用不同的木料来制作这些零部件。其中上、下码,尤其是下码对马头琴的音质、音色有直接的影响,所以选用什么样的木料来制作下码就要看制琴人对用料性能和马头琴声学原理的认知了。马头琴制作人哈达对笔者说:"上下码的用料没有严格要求,但必须是传播声音效果好的木料。"他做挖板琴(或高档琴)的琴码多用乌木和黑檀木,做普及琴的琴码一般用色木(枫木)。马头琴制作人布和认为要用硬木料做琴码,而且要选择"最轻的、支撑力最好的、最易于振动的"木料来制作下码。他一般用白牛子(枫木的一种)做下码。关于上码的用料,他说:"指板是什么木料,上码一般就用什么样的木料。"木轴、拉弦板、指板等对马头琴音质、音色的影响不是很明显,所以其用料更是多种多样。

现在的马头琴制作人几乎没人亲自去林区砍伐,也不用每次都亲自去木材市场挑选木料,更多的时候,他们会事先电话预订或在网上下单后付费购买,之后木材厂把所需的木料通过现代货物配送方式送到制琴人那里。

木材的干燥方法基本有两种,一种是自然干燥法,另一种是电干法(又称"人工干燥法")。

在上一节里介绍的马头琴制作人哈达的木料干燥方法便是电干法。这种方法能缩短干燥时间,但有些人认为这种"急速烘干的木材急速收缩后影响振动。(振动)就不正常了"[2]。

笔者通过田野调查工作发现,现在不少马头琴制作人依然认为"还是传统的自然干燥法好,用那种木料做的琴的声音就是好听"。对此,马头琴制作人布和在《马头琴的制作(一)》一文中也写道:"'空气干燥'的传统方法……可以产生更称心的木材。"[1]使用这种传统干燥法时通常把木料按"井"字形堆放,这样便于通风。在干燥过程中,注意不能让木料暴晒,而是"尽可能长久地储藏在将要使用它的工作间里,这样木材就可以适应这个地方的环境条件"[1]。有文章认为,自然干燥"最少要达到三年以上"[2],接受访谈的制琴人也基本都认为自然干燥的时间越长越好。

此外,笔者在田野调查工作中发现,马头琴制作人色登在用"煮木料"的方法。他先用清水煮木料,再让其干燥,干燥的时间约10天(或更长),见图3-197、图3-198。色登说:"煮木料主要是为了去除木材中的树脂。"他说他用这种方法做了不少琴,其中只出现过一次开裂现象。这种干燥法有没有科学依据及这种煮后的木料的性能如何等问题都有待进一步讨论。但不管怎样,水煮法作为特殊的加工法使现代马头琴的制作技艺更具多样性。

图3-197　色登煮木料　　图3-198　煮木料时用的
的锅　　　　　　　　　　炉子

无论是用哪一种干燥法,木料的干燥程度都会直接影响音质、音色和整个琴的质量。干燥不到位,不仅影响音质、音色,而且也容易出现开裂等现象,所以在批量生产情况下尤其需要注意这一点。

锯切、刨削木料时,现在的马头琴制作人几乎都在用机器和手工相结合的方法,即用电锯、电刨子等电具的同时结合使用传统的手锯、刨子来制作坯料。

除木料外,在胶类、颜料等的选用方面,也没有严格的要求。笔者在田野调查工作中发现,哈达、却云敦等大多数制琴人依然喜欢用鱼胶(水胶)等传统胶来黏合琴箱,但马头琴制作人色登却在用"哥俩好"胶。在颜料的选择和调色等方面也同样存在很多差异。

二、形制结构和尺寸比例的对比

有学者认为,现代马头琴的"外形基本得到统一和规范"。笔者觉得这仅是相对而言。比起传统马头琴的外形,现代马头琴的形制结构的确相对

"统一和规范"。但其实现代马头琴的种类较多,比如成人琴和小孩琴,专业琴和普及琴,高音琴和中音琴、低音琴等,这些不同种类的马头琴的尺寸规格各不相同,再加上马头琴现在还没有国家标准和行业标准,所以不同的制琴人做的同一种马头琴的形制结构和尺寸比例之间也存在一些差异。

(一)琴头形状的对比

马头琴的琴头主要起装饰作用,它对音质、音色等几乎没有多大影响,所以对它的形状、尺寸等也没有严格的要求。

图 3-199 至图 3-201 分别为马头琴制作人白苏古郎、莫德乐图、色登做的不同的琴头图。

图 3-199 白苏古郎 　　图 3-200 莫德乐图做的 　　图 3-201 色登
做的琴头 　　　　　　　琴头和琴杆 　　　　　　做的琴头

不仅不同制作人做的琴头各不相同,甚至同一制作人也会制作不同的琴头。图 3-202、图 3-203 为马头琴制作人白苏古郎做的几种琴头。其中就有不同的马头,也有"马头 + 龙头"型的琴头。

图 3-202 白苏古郎做的 　　图 3-203 白苏古郎做的
琴头(一) 　　　　　　　　琴头(二)

从图中也能看出,就算都是"马头 + 龙头"型的琴头,它们之间也存在一些不同之处。

（二）琴箱形制结构的对比

现代木面马头琴的琴箱并不全是正梯形的,笔者在田野调查工作中发现,部分制琴人还制作一些其他形状的琴箱。图 3-204 至图 3-206 为笔者所见到的几种琴箱的形状图,其中图 3-204 为人们常说的正梯形琴箱。

 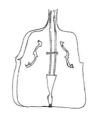 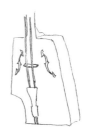

图 3-204　琴箱 1（笔者绘）　图 3-205　琴箱 2（笔者绘）　图 3-206　琴箱 3（笔者绘）

马头琴制作人额尔敦在《关于马头琴的制作》一文中按面板、背板的形状把木面马头琴的琴箱分为 3 种,即“面板、背板均为平板”、“面板、背板均为弧形板”和“面板为弧形板,背板为平板”的琴箱[3]。不仅如此,据调查发现,这几种琴箱的面板和背板既可以用整块板制作,也可以用“拼板”（布和）制作。

其实不只是琴箱外部形制结构有区别,琴箱内部的结构有时也有所不同。比如现代马头琴的琴箱里通常有低音梁、音柱、角木和首木、尾木等。但马头琴制作人哈达给笔者做的普及琴的琴箱里就没有首木、尾木,为此哈达也做过“首木、尾木可有可无”的解释。

（三）琴轴、音孔、琴码形状的对比

1.琴轴的形状

关于现代马头琴琴轴的形状及其制作工艺,通拉嘎在他的博士学位论文中写道:“弦轴的制作工艺,同样也经历了许多次改革,最终走向定型。目前,内蒙古几个马头琴乐器厂家所用的弦轴,彼此都不一样,但都基本解决了传统马头琴调弦难的问题。”[4]笔者在田野调查工作中发现,不同制作人做的木轴（图 3-207 至图 3-210）在形状、尺寸等方面的确各不相同。

图 3-207 包海军 图 3-208 白苏 图 3-209 朝路 图 3-210 哈达用
做的琴轴 古郎做的琴轴 做的琴轴 的琴轴

2.音孔的形状

现代马头琴的音孔形状也多种多样,其中最常见的有蒙古文"ᠪ(读音
为[bɑ])"字形音孔(哈达)和"双鱼形"音孔(布和)等几种,见图3-211、图3-212。

图 3-211 蒙古文"ᠪ"字形音孔(笔者绘) 图 3-212 "双鱼形"音孔(笔者绘)

现代马头琴的音孔一般在面板上,而且两个音孔的形状和大小尺寸都
一样,只不过方向相反而已。除了上述两种音孔形状外,笔者在田野调查工
作中还拍摄、记录了以下几种形状的音孔(图 3-213 至图 3-215)。

图 3-213 音孔 1 图 3-214 音孔 2 图 3-215 音孔 3
(笔者绘) (笔者绘) (笔者绘)

手工制作这些不同形状的音孔时事先要做不同的模型,之后用模型在
面板准确的位置画出正、反方向的两个音孔,再进行锯制或刻制。用电脑雕

刻时,要先在电脑上设计需要的图案及尺寸,再进行雕刻。

3.琴码的形状

琴码的形状和用料也没有严格的要求。而且"可以通过改变下码的厚度来调整一把琴的音质、音色"[3]。所以当今的制琴师们会按自己的需求、喜好和客观条件等,用不同的材料制作不同形状的琴码。下面几种琴码(图3-216、图3-217)的形状和尺寸显然与哈达用的琴码有所不同。

图 3-216　色登用的一些
琴码

图 3-217　巴彦岱的一把
琴的下码

除了琴头、琴箱、琴轴、音孔、琴码等的形制、结构外,琴箱、琴身上的纹饰、镶边等的形状、尺寸也没有统一的标准,制作人按自己的喜好和客户需求制作不同的纹饰、镶边。

(四)尺寸比例的对比

由于现代马头琴的种类较多,因此其尺寸、比例也各不相同。另外,不同的制琴人有时也会按自己的喜好和用途等来制作同类但不同尺寸的琴。

哈达的普及琴琴身总长度为 1 米。马头琴制作人额尔敦的《关于马头琴的制作》一文中也记有"琴的总长度为一米最合适"[3]。但马头琴制作人巴彦岱却说:"总长度为 1.05 米。除非不是正规厂子的琴,正规厂子的琴都是那个尺寸。"笔者认为,首先,不同种类的马头琴高度当然不同。其次,马头琴琴头的形状和尺寸大小没有统一的标准,这是出现不同高度的另一个主要原因。除了上述原因之外,材质也是影响马头琴具体尺寸的一个重要因素,如用软一点的木料制作琴箱,那么侧板、背板等就可能需要做得相对厚一点。

有意思的是,笔者在田野调查工作中发现,马头琴制作人色登做的琴尺寸基本都与数字"9"有关,如琴的总长度一般在1 080毫米左右。此外,琴箱各部位的尺寸和有效弦长等也都与"9"有关。对此他说:"我的尺寸都是按'九进制'算出来的。有人问我这么做有什么道理,我说没什么道理,没什么科学依据,因为我们蒙古人崇尚'9',我是按这个思路做的。"

由此可见,现代马头琴的尺寸差异是比较常见的。有些差异是马头琴种类等客观因素所致,有些差异则是马头琴制作人的主观因素所致。

三、制作技艺的比较

在制作不同形制、结构和尺寸的马头琴时,肯定需要一些不同的制作技艺。另外,不同制作人的喜好、制作风格等都不相同。有的喜欢用传统的手工制作法,有的却追求高度机械化的制作。有些制作人甚至改装一些机器设备,用独特的工具来完成某些工序。这种形制结构、工具设备、个人风格喜好和需求等诸多因素,使现代马头琴的制作技艺更加的丰富多彩。

(一)琴头和琴杆制作方法的比较

马头琴制作人哈达给笔者制琴时用了现成的琴头和琴杆,所以笔者未能详细记录其制作过程。所以,在此以马头琴制作人白苏古郎等的制作方法为例,介绍琴头和琴杆的制作过程,同时与其他制作人的琴头、琴杆的制作方法做简单比较。

马头琴琴头和琴杆的制作同样从锯切坯料开始。关于这一过程,马头琴制作人布和在《马头琴的制作(五)》一文中写道:"制作琴杆一般使用枫木(色木)也有使用榉木制作的,但无论是什么品种的材料都必须应用径切木料,年轮的走向应顺着水平向,并与侧向平面垂直。通常把一块木料用套裁的方法,套裁两个琴头。"[5]用"径切"的原因是琴杆要承受琴弦的拉力,这种切法能较好地避免琴杆发生扭曲或变形。不仅如此,有的制琴师为了避免琴杆发生扭曲或变形,故意制作带有弧度的琴杆,其"弧度的大小要根据木材的软硬和制作师设计的具体要求来决定"[6]。据调查发现,当今的马头琴制作人几乎都在用"电动木工机器"等电具来完成这一锯切工序。在进一步加工坯料或雕刻琴头时,有的制琴师选择手工雕刻,有的却继续选用机器雕刻。下面先介绍手工雕刻过程。

1.手工雕刻

笔者在2016年8—9月做的田野调查工作中,拍摄到了吉林省前郭尔罗斯蒙古族自治县马头琴制作人白苏古郎手工雕刻琴头的过程。其过程大概可分为以下几个工序:先用模型在坯料上画出琴头、琴杆的轮廓,之后用带锯等锯掉多余的木料,再用各种手工锯子、木工刻刀、锉子、凿子等来完成琴头、琴颈等的制作,最后制作铜轴槽并安装铜轴。

(1)锯制琴头和琴杆坯料(图3-218、图3-219)

图3-218 琴头、琴杆的模型　图3-219 锯制的琴头和
琴杆坯料

(2)琴头、琴颈等的制作

琴头、琴颈等的制作先从勾画其轮廓开始。勾画轮廓时,先画出中心线,确保马鬃、马眼睛和鼻孔等的准确位置,之后经过一系列的锯切、雕刻、修削等来完成琴头和琴颈等的制作。

马头、马鬃大致轮廓的制作(图3-220至图3-223)。

图3-220 画轮廓　图3-221 锯掉多余木料

图3-222 锯制马鬃　图3-223 打磨

颈部的制作，见图 3-224 至图 3-226

图 3-224　锯颈部　　　　图 3-225　削颈部　　　　图 3-226　锉颈部

嘴唇、鼻孔、眼睛等的制作（图 3-227 至图 3-232）。

图 3-227　画　图 3-228　锯切　　图 3-229　雕鼻孔
轮廓

图 3-230　雕眼睛　　　　图 3-231　脸部加工　　　　图 3-232　成品

马耳朵的制作，见图 3-233 至图 3-237。

图 3-233　锯切马耳朵　　图 3-234　锉马耳朵　　图 3-235　削马耳朵

图 3-236　"马耳朵"的加工　图 3-237　脸部的加工

头部的进一步加工(图 3-238 至图 3-240)。

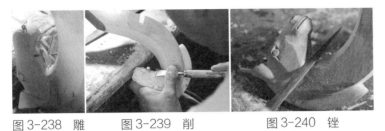

图 3-238　雕　　　图 3-239　削　　　图 3-240　锉

马鬃的制作(图 3-241 至图 3-246)。

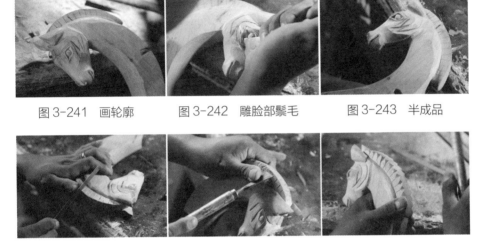

图 3-241　画轮廓　　图 3-242　雕脸部鬃毛　　图 3-243　半成品

图 3-244　锯　　　　图 3-245　雕　　　　　图 3-246　成品

(3)铜轴槽的制作和铜轴的安装(图 3-247 至图 3-252)

在现代木面马头琴琴颈和琴杆的连接部位,还需要凿出铜轴槽来安装铜轴。关于马头琴铜轴的来历和作用,马头琴制作人布和在《马头琴的制作(六)》一文中写道:"原始的马头琴使用木轴,为了能使定弦更加轻松准确,老一代马头琴制作师张纯华老前辈从年开始将大阮机械铜轴运用在马头琴上。铜轴需要通过挖槽嵌入……,并加上扣盖加以美化外观。"[6]由于机械化程度不同等原因,不同制作人的铜轴槽制作和安装铜轴的过程也有所不同。

笔者访谈白苏古郎时,他让其岳父来完成这一工序。其顺序大概为先画出中心线,以中心线为基准,按尺寸画出铜轴槽的轮廓。用凿子凿出铜轴槽后,修边打磨,再安装铜轴,之后扣盖、拧入螺丝,最后用砂纸打磨外表,准备上漆。

图 3-247　事先做好的　　图 3-248　准备安装的
　　　　　　琴头和琴杆　　　　　　　铜轴

图 3-249　按尺寸凿出铜轴槽　　图 3-250　修边　　图 3-251　做好的铜轴槽

把铜轴嵌入铜轴槽后,还需要"加上扣盖"加以美化外观。所以先按尺寸做好扣盖。扣盖主要用琴杆木料来制作。其厚度没有严格要求,但不能太厚,也不能太薄,而且要保证扣盖后与琴杆背部保持在一个平面上。制作扣盖时,也是先画其轮廓,再进行锯制削修。

图 3-252　做好的扣盖

铜轴的两个穿弦桩要穿过扣盖露在外侧,所以在扣盖上需要按尺寸打出两个孔。打孔时,以扣盖的中心线和铜轴槽的位置为基准,先画出其轮廓,再用电钻打孔。

具体制作过程是,先确定四个孔(包括上螺丝钉的两个孔)的位置并画出其大致轮廓(图 3-253 至图 3-255)。

　图 3-253　放进铜轴做标杆　　图 3-254　确定出孔位置　　图 3-255　画轮廓

再用电钻钻出孔,见图 3-256 至图 3-258。

图 3-256 电钻　　　　图 3-257 钻孔　　　　图 3-258 成品

打螺丝钉前,需要在扣盖表面打螺丝钉的位置上,以螺丝帽的厚度为标准钻出两个浅槽,目的是把螺丝帽扣进这个槽,来保证琴颈外表的整齐与美观,见图 3-259 至图 3-261。

图 3-259 确定打螺丝　　图 3-260 打浅槽　　图 3-261 用小钻头钻通
钉的位置

钻出四个孔之后再安装铜轴。安装铜轴时,要保证铜轴槽的大小正好。如果铜轴槽小了,可以用锉、削等方法将其扩大。如果大了,可倒入木渣,涂胶加固,以保证最佳效果,见图 3-262 和图 3-263。

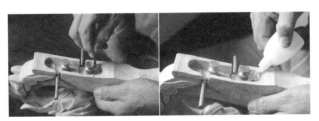

图 3-262 倒入木渣　　图 3-263 涂胶加固

安装铜轴之后,扣盖、打螺丝钉。最后,为了表面整齐、美观,用锉刀、砂布等打磨,见图 3-264 至图 3-266。

图 3-264　处理棱角　　　　图 3-265　锉平　　　　　图 3-266　成品

琴头下面还需打出琴弦孔(又称"穿线孔")。由于时间关系,白苏古郎未能给笔者演示这一过程。据马头琴制作人布和介绍:"它的位置在指板平面下一点的位置,琴弦孔为两个,间距一般为 14 毫米。"[7]手工打孔的过程可参考却云敦的制琴步骤。

最后,在琴杆正面粘接指板。指板主要起装饰作用。同样由于时间关系,白苏古郎也未能给笔者演示这一过程。据他介绍,制作和粘接指板的大致工序为先按尺寸锯切、刨平指板坯料,然后炼胶黏合,再上

图 3-267　上夹具晾干

夹具晾干;等晾干后,卸夹具,进行修边、打磨,准备喷漆。图 3-267 为白苏古郎上夹具晾干的粘有指板的琴杆。

《马头琴的制作(二)》一文中说:"指板采用乌木,厚度为 6 厘米。"[8]据了解,指板对音色、音质的影响并不大,所以对其材质也没有严格的规定或要求。但其厚度应该为 6 毫米左右,而不是 6 厘米。

2.机器雕刻

机器雕刻(图 3-268、图 3-269),比起手工雕刻,需要另一道制作工序。机器雕刻不仅能节省体力劳动,而且在制作速度方面也远远超过手工雕刻,但前提是必须有雕刻机并且能熟练运用。

图 3-268　专业人士在指导　　图 3-269　哈达在用数控机床
雕刻琴头

用机器雕刻时,先用电脑设置好要雕刻的琴头、琴杆的具体形状和尺寸比例,在机床准确位置固定好坯料后,启动雕刻机进行雕刻即可。

马头琴制作人哈达给笔者制作的那把普及琴的琴头和琴杆是用这种机器雕刻的方法制作的。2017 年 1 月 20 日上午,笔者对他进行第三次访谈时,他已有了数控机床并开始自己雕刻琴头了。他说他现在能同时雕刻8 个琴头,雕一次需要 1 个小时左右。也就是说,一个小时能制作 8 个琴头和琴杆。

笔者通过田野调查工作了解到,马头琴制作人布和、莫德乐图、却云敦、哈达等在几年前或更早的时候就开始使用机器雕刻琴头和琴杆了,见图3-270 至图 3-272,其中有的能同时雕刻 5 个琴头,有的能同时雕刻 6 个琴头。马头琴制作人莫德乐图对笔者说:"同时雕刻几个琴头都可以,只不过要在机器上多安装几个刻刀而已。"

图 3-270　莫德乐图的数控机床　　图 3-271　却云敦的数控机床　　图3-272　哈达的数控机床

(二)琴箱制作方法的比较

现代木面马头琴琴箱的制作过程可分为面板、背板、侧板的锯制及黏合,低音梁、音柱、角木、首尾木的制作和黏合,上插孔和尾孔的制作等几个步骤。下面简单比较一下哈达、布和、色登、白苏古郎等制作人的面板的粘接、弧形面板的制作、侧板框的黏合等制作工序,以此来说明现代马头琴制作技艺的多样性问题。

1.面板的粘接

现代马头琴的面板和背板可用整块板制作,也可拼板制作。在上一节介绍过的哈达那把普及琴的面板和背板就是用整块木板制作的。

笔者通过田野调查，了解到现在很多马头琴制作人更喜欢用拼板的方法来制作面板。比起整板制作，拼板显然还需要锯切、刨平、粘接、晾干、打磨等一系列的制作工序。那么，人们为什么还喜欢用这种办法来制作面板？对此，马头琴制作人巴彦岱说："拼接的做法好。因为制作乐器的木材跟木匠破木料不一样，是要按'西瓜牙子'形状破成三角形的，制成薄板以后背对背粘接，这样做声音效果好。两个（板的）声音是平衡的。用整块板就做不出这种效果。"也就是说，在他看来，拼板主要是为了保证中心线两侧木材纤维的均匀分布，这样做的琴才能演凑出"更好的声音"。

由于面板承受琴码的压力，所以用"拼板"法制作面板时，有时还需要粘接"增强木块"[9]。用整块板制作面板就能省略这一工序。

2.弧形面板、背板的制作

木面马头琴出现之后，又相继出现了有弧形面板、背板的马头琴。马头琴制作人布和说："受小提琴琴箱的影响，出现了这种弧形面板、背板的琴箱。"

专业琴（或高档琴、挖板琴）的面板、背板一般都带弧形。但这种弧形面板、背板的制作方法却因人而异。

马头琴制作人哈达给笔者制作普及琴时用粘接弧形低音梁的方法做出了"带有弧度"的面板（背板不是弧形的）。也就是说，低音梁的粘接面是带弧度的，粘接面上涂胶粘接后用夹具夹住低音梁的两端和中间部位，这样面板受低音梁的压力自然就会变成弧形面板。哈达说"普及琴的面板有一点弧度就可以"。但他做专业琴的弧形面板、背板时，却用了"挖制"的办法。这种制法是用挖、削等方法做出弧形木板后，再进行黏合。马头琴制作人布和也在用这种"挖制"的办法制作弧形面板、背板。除了这种"挖制"方法，还有烤热弯曲法（即用火烤热后再人为地使木板弯曲的方法）。晓梦曾在《马头琴的制作（二）》一文中以内蒙古"江格尔蒙古古乐器厂"的做法为例，用图文结合的方式介绍过这一方法。文章中说："用电烤炉烤热侧板后，用力弯出需要的弧度。"[8]文章中介绍的虽然是弧形侧板的做法，但笔者在田野调查工作中发现，马头琴制作人色登也在用烤热弯曲的方法来制作弧形面板、背板。显然，现代马头琴弧形面板、背板的制作方法

也因人而异。图3-273为晓梦文章里的弧形
侧板的制作图。

图3-273 弧形侧板的制作

3.侧板框的黏合

侧板框的黏合方法同样因人而异。马头
琴制作人哈达是用自己研制的"侧板固定
器"固定涂胶的侧板框之后,在四角上打钉
子加固。笔者在田野调查工作中发现,现在
仍有一些马头琴制作人在使用"用绳子捆"的方法来黏合侧板框。对此哈
达说他一直没用这个方法,因为那样"不稳、不好捆、速度也慢"。

晓梦在《马头琴的制作(二)》一文中也介绍过内蒙古"江格尔蒙古古乐
器厂"的"用内模制造侧板"的方法[8]。这一方法跟哈达的"外模"做法可以
说是相反的,它先按尺寸制作一个"内模",再在这个模型的外侧贴侧板进
行粘接,见图3-274。

笔者在田野调查工作中也拍摄到了一些制琴人自己研制的类似于上
述两种"侧板固定器"的器具,如色登和白苏古郎的"固定器"等(图3-275、
图3-276)。

图3-274 "内模制造侧板框"　图3-275 色登的"内模"　图3-276 白苏古郎的
[《马头琴的制作(二)》插图]　　 和侧板框　　　　　　 "侧板固定器"

除了琴头、琴杆、琴箱的制作外,尾枕的安装、音柱的安装、琴弦的梳理
和安装、上颜料的方法等,都存在一些差异,在此就不一一举例比较了。

通过以上简单比较,笔者得出以下两点结论。第一,虽说现代马头琴的
用料和形制结构、尺寸比例"趋于统一",但这种"统一"是相对的。制作那些
不同形制结构、尺寸比例的马头琴显然还需要一些不同的制作技艺。第二,
机械化程度和制作人的个人经验积累、制作风格、审美情趣和客户的需求
等,使现代木面马头琴的制作技艺更加多样化。

　　总之,现代马头琴的制作技艺也因人而异,多种多样。其中一些制作方法可能没有多少科学依据,但作为一种制作技艺、制作方法,有它的存在意义和文化价值。相信多种制作技艺并存也有利于制作人之间相互学习、取长补短。在相互学习和竞争的过程中,也必将会产生一些新的、更科学的制作方法,让马头琴制作技艺更加科学化,更具有生命力。

　　备注:

　　①13名马头琴制作人的访谈时间和地点

　　哈达访谈

　　时间:2016年2月5日,2016年7月30日,2017年1月20日,2017年8月12日

　　地点:科右中旗蒙古族拉弦乐器制作传承基地(内蒙古兴安盟科尔沁右翼中旗白音胡硕镇)

　　包成林访谈

　　时间:2016年8月29日

　　地点:包成林家里(吉林松原前郭尔罗斯蒙古族自治县查干花镇)

　　白苏古郎访谈

　　时间:2016年8月30日,2016年9月10日。

　　地点:郭尔罗斯马头琴厂(吉林松原)

　　色登访谈

　　时间:2017年3月26日

　　地点:色登马头琴工作室(内蒙古呼和浩特)

　　朝路访谈

　　时间:2017年4月8日

　　地点:朝路民族乐器厂(内蒙古呼和浩特)

　　青格利访谈

　　时间:2017年4月13日

　　地点:巴彦淖尔市蒙古族中学马头琴制作室(内蒙古临河)

　　巴彦岱访谈

　　时间:2017年4月15日

地点:巴彦岱工作室(内蒙古阿拉善盟巴彦浩特镇)

却云敦访谈

时间:2017年5月2日

地点:阿艺拉古民族乐器工厂(内蒙古锡林郭勒盟西乌珠穆沁旗巴拉嘎尔高勒镇)

段廷俊访谈

时间:2017年5月31日

地点:音艺马头琴厂(内蒙古呼和浩特)

莫德乐图访谈

时间:2017年5月31日

地点:苏和的白马民族乐器有限公司(内蒙古呼和浩特)

包雪峰访谈

时间:2017年8月10日

地点:通辽市博尔金蒙古族民族乐器研究所(内蒙古通辽)

达日罕访谈

时间:2017年8月19日

地点:达日罕民族乐器厂(黑龙江杜尔伯特蒙古族自治县泰康镇)

布和访谈

时间:2017年12月17日

地点:骏马乐器店(内蒙古呼和浩特)

参 考 文 献

[1] 布和,孟建军.马头琴的制作(一)[J].乐器,2008(12):28-29.

[2] 李旭东,乌日嘎,黄隽瑾.马头琴制作工艺的田野调查——以布和的马头琴制作工艺为例[J].内蒙古大学艺术学院学报,2015(3):44-52.

[3] 额尔敦.关于马头琴的制作(蒙古文版)[J].内蒙古艺术,2002(2):67-69.

[4] 通拉嘎.蒙古族非物质文化遗产研究——马头琴及其文化变迁[D].北京:中央

民族大学,2010:63.

[5]布和,孟建军.马头琴的制作(五)[J].乐器,2009(4):24-25.

[6]布和,孟建军.马头琴的制作(六)[J].乐器,2009(5):22-24.

[7]布和,孟建军.马头琴的制作(七)[J].乐器,2009(6):24-25.

[8]晓梦.马头琴的制作(二)[J].乐器,2005(12):22-23.

[9]布和,孟建军.马头琴的制作(三)[J].乐器,2009(2):20-21.

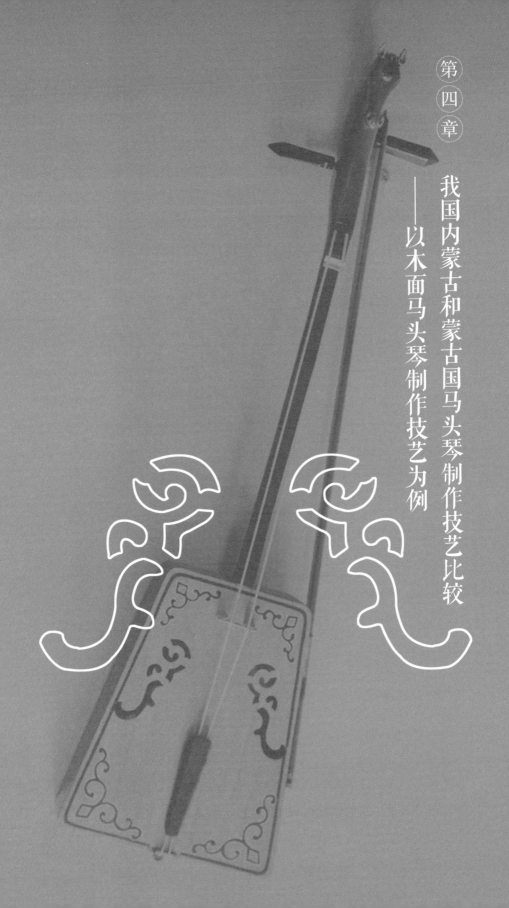

第四章

我国内蒙古和蒙古国马头琴制作技艺比较

——以木面马头琴制作技艺为例

除了我国内蒙古，马头琴还流行于我国新疆、青海、甘肃、黑龙江、吉林、辽宁和蒙古国等蒙古族聚居地。其中，蒙古国的马头琴文化历史悠久，在演奏技巧、作曲、制作等各领域取得的成绩也较为显著。

蒙古国马头琴同样经历过多次改革。据有关材料介绍，自20世纪五六十年代开始，蒙古国马头琴制作人和演奏家们在俄罗斯一位小提琴制作人的技术指导和帮助下，成功研制了木面马头琴，而这种新型木面马头琴在形制结构方面可以说与我国内蒙古现代木面马头琴大同小异。

关于蒙古国马头琴改革的起始时间方面存在一些不同的观点。表4-1为关于这一问题的部分观点对比。

表4-1　关于蒙古国研制木面马头琴时间的部分观点

改革起始时间	改革者	改制的琴	人物/著作	备注
他们(蒙古国)改得早，应该是从1952年开始的	俄罗斯做提琴的师傅提供技术指导	木面马头琴	内蒙古马头琴制作人布和(访谈时间：2017年12月17日)	/
1956年	扎米彦，苏联一位提琴制作家	木面马头琴	通拉嘎.蒙古族非物质文化遗产——马头琴及其文化变迁.中央民族大学博士学位论文,2010;65.	制作的一把用白松木做面板的马头琴非常成功，至今这把琴仍然被使用
从(20世纪)60年代中后期开始	一个俄罗斯专家(小提琴制作人)	木面琴	蒙古国马头琴制作人白嘎力扎布(访谈时间：2017年10月23日)	/

"20世纪五六十年代"恰巧也是内蒙古木面马头琴改革的起始时间。笔者认为这或许是一种巧合，也有可能当时两地的马头琴改革在某种程度上受到过对方的启发或影响，或者在改革的过程中曾借鉴过对方的经验和做法。据笔者目前所搜集到的一些资料来看，不可否认有第二种可能性。

自20世纪中后期至今，我国内蒙古和蒙古国之间一直有多种马头琴文化交流活动。对此，《中蒙两国马头琴音乐文化交流史与现状调查分析》一文中说："其中有些是由个体音乐活动展现出来的，在历史进程中有标志性文化意义(如桑都仍访蒙求学和齐·宝力高访蒙音乐会)，有些则体现为大规模的民间人才交流对双方本土音乐文化传统产生涵化和冲击作用。"[1]
其中，桑都仍和齐·宝力高等内蒙古著名马头琴演奏家恰好也是内蒙古马
头琴改革事业的重要参与者。在这种具有"标志性"意义的"个体音乐活动"
和"大规模的交流活动"中，难免会有一些关于马头琴演奏技法、音质音色、
形制结构、制作技艺等方面的深层次交流。

　　笔者目前还没有足够的证据来证明我国内蒙古或蒙古国马头琴的改
革起始一定受过对方的影响和启发，但在改革和发展历程中的互相影响还
是比较明显的。这一点前人研究成果中也均有记载，如《蒙古族非物质文化
遗产研究——马头琴及其文化变迁》一文中说："20 世纪 60 年代初……以
桑都仍为代表的马头琴演奏家，继承传统马头琴固有特色的基础上，又借
鉴蒙古国的马头琴形制和演奏技法，着手对马头琴进行改革。同时，在乐器
构造和制作工艺方面，大胆借鉴大提琴、小提琴等乐器的某些长处。"[2]41 据
了解，通过这类交流活动，我国内蒙古马头琴界也向蒙古国展示了自己的
马头琴改革的成功经验。对此，《中蒙两国马头琴音乐文化交流史与现状调
查分析》一文说："1988 年，应蒙古国邀请，齐·宝力高以私人名义出访蒙古
国，并在乌兰巴托成功举办了个人独奏音乐会……这次音乐会也展示了我
国马头琴乐器改革令人瞩目的成果：从 20 世纪 50 年代开始，凭借几代人
的努力，单就共鸣箱面板材料的改革而言，就经历了'皮面'→'膜面'→'膜
板共振'→'蟒皮'→'木面'等阶段，此外还包括琴弓形制、琴弦材料、琴
轴等多方面的改革成就。……蒙古国当时……乐器改革和制作也同样处
于停滞状态。……齐·宝力高的访蒙音乐会，直接促进了蒙古国马头琴音乐
创作和乐器改革等工作的快速全面启动。"[1]这些均说明在我国内蒙古和
蒙古国马头琴改革中相互影响的情况的确存在。自 20 世纪 90 年代开始，
我国内蒙古和蒙古国之间的马头琴文化交流渐趋频繁，这给马头琴制作技
艺的传播与交流都提供了良好的条件。随着这类交流的增加，在内蒙古马
头琴制作中，也出现了学习和借鉴蒙古国马头琴形制结构及其制作技艺的
情况。对此，《内蒙古与外蒙古马头琴艺术之比较》一文说："现在也有许多
制琴厂开始仿造蒙古琴的样子来制作内蒙的琴。"[3]《中蒙两国马头琴音乐
文化交流史与现状调查分析》一文也说："从 20 世纪 90 年代末开始，……大

量的蒙古国马头琴出口到我国……。从 2005 年前后开始,在发现这一商机后,中国的马头琴制作者、经销商也开始为适应市场的这一变化而转变制作和营销策略。一部分经销商开始在国内代理销售蒙古国马头琴厂家生产的琴;也有一部分厂家干脆从蒙古国招聘制作技师,直接在国内生产蒙古式马头琴;大部分厂家则选择对我国现有的马头琴形制进行改革,学习蒙古国马头琴的一些工艺特点,生产出共鸣箱厚度为 9 厘米,既有蒙古国制作特点又保留了一定的中国制作特点的马头琴,这种琴……投产后也深受国内消费者特别是青年马头琴演奏者们的喜爱。"[1]总之,我国内蒙古和蒙古国马头琴制作之间的这种相互交流和借鉴,可以说一直存在。

不管是内蒙古木面马头琴,还是蒙古国木面马头琴,都已有半个多世纪的历史了。但据笔者所收集到的资料,对我国内蒙古和蒙古国木面马头琴制作技艺的比较研究成果非常少,至少到目前为止,笔者还没发现这方面的专题研究成果。

回顾以往的国内马头琴研究,《中蒙两国马头琴音乐文化交流史与现状调查分析》《内蒙古与外蒙古马头琴艺术之比较》《论马头琴艺术风格及其跨界研究——以内蒙古与蒙古国艺术风格之比较》等少数几篇文章对我国内蒙古和蒙古国马头琴文化做过一些比较。其中也涉及马头琴制作技艺问题,但对我国内蒙古和蒙古国现代木面马头琴制作技艺的介绍都不够全面,也没做深度比较。

在我国内蒙古和蒙古国马头琴制作技艺的比较研究中,前人研究成果固然很重要,但目前不仅缺少这方面的专题研究成果,而且还缺少有关蒙古国马头琴制作技艺的可靠的第一手资料。

蒙古国马头琴跟我国内蒙古马头琴一样,在形制结构、尺寸比例、用料和制作技艺等方面均多种多样,所以也不能通过简单对比两把琴或两个制琴师的制作技艺来说明两地马头琴制作技艺的异同。要解决这一问题,需要对蒙古国马头琴制作技艺进行较为系统的调查和记录工作。

为了比较我国内蒙古和蒙古国马头琴制作技艺,笔者于 2017 年 10 月 20 日至 11 月 8 日赴蒙古国做了一次有关蒙古国马头琴及其制作技艺的田野调查工作。其间采访到了蒙古国著名马头琴制作人白嘎力扎布、乌拉木巴雅尔（又写作"敖兰巴依尔"）和巴雅日赛罕、达瓦扎布等两位年轻一代的马头琴制作人[1]，并拍摄、记录了其制琴场地、工具设备、用料、成品、琴店及部分制作技艺等，见图 4-1 至图 4-10。

图 4-1　白嘎力扎布

图 4-2　乌拉木巴雅尔

图 4-3　巴雅日赛罕

图 4-4　达瓦扎布

但由于时间关系和其他一些原因，笔者未能跟踪调查和系统地拍摄、记录他们的整个制作过程。

图 4-5　白嘎力扎布的制琴厂（一）

图 4-6　白嘎力扎布的制琴厂（二）

①见本章结尾处。

图 4-7　乌拉木巴雅尔的琴店

图 4-8　乌拉木巴雅尔店里的部分琴

图 4-9　巴雅日赛罕的制琴厂

图 4-10　达瓦扎布的制琴厂

　　下面将主要基于蒙古国这四位马头琴制作人和我国内蒙古部分马头琴制作人的访谈②资料，以及笔者目前所搜集到的相关资料，对我国内蒙古和蒙古国木面马头琴制作技艺做简单对比。

第一节

形制结构与尺寸比例的对比

　　从笔者所掌握的田野资料和前人研究成果等来看，我国内蒙古和蒙古国马头琴在形制结构、尺寸比例等方面存在一些明显的差异。

　　一、形制结构的比较

　　现代木面马头琴主要由琴头、琴杆、指板、琴轴（铜轴、木轴）、琴码、琴

　　②见本章结尾处。

弦、琴箱(包括音梁、音柱、角木、首尾木)、拉弦板、拉弦绳、琴弓等组成。

(一)琴头和琴杆的结构

笔者在田野调查工作中发现,蒙古国白嘎力扎布、巴雅日赛罕、达瓦扎布等制琴人做的一些现代木面马头琴的琴头和琴杆是做完再粘接的,而不是连为一体的(图4-11、图4-12)。这与我国内蒙古现代木面马头琴的琴头、琴杆的结构有所不同。

图4-11　蒙古国粘接式的琴头和琴杆

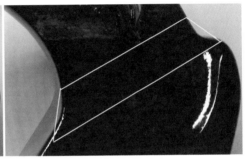

图4-12　粘接部分(图中画线部分)

其实,在高度机械化的今天,完全可以用机器把琴头和琴杆同时雕出来。那么蒙古国这几位马头琴制作人为什么还要制作这种粘接式的琴头和琴杆? 接受采访的几位蒙古国马头琴制作人的解释主要集中在以下两点:一是为了保护马耳朵;二是为了节省木料。首先,马头琴的琴头一般都向前弯曲,而马耳朵一般在最上头。如果用同一块木料制作琴头和琴杆,马耳朵的纹理方向就同琴杆纹理方向一致,这会导致马耳朵不结实,容易折断。粘接琴头是为了调整木料的纹理方向来保护马耳朵。其次,用整块木料制作琴头和琴杆显然需要较粗的木料(因为琴头是向前弯曲的),而分离式结构就可以用剩余的木料来雕刻琴头,然后将其直接粘接在琴杆上。

笔者在田野调查工作中发现,在内蒙古传统马头琴制作中也有类似的制作方法,如内蒙古马头琴制作人孟斯仁接受采访时就曾说:"那时没有那么多整块的木料,所以一般都用胶粘接。"本书所介绍的内蒙古西乌珠穆沁旗男儿三艺博物馆馆藏的"清代马头琴"的"耳朵"也是粘接的。因此这种粘接式的琴头和琴杆可能在传统马头琴中比较常见,而蒙古国的马头琴制作人较好地传承了马头琴的这种结构特点和制作方法。

那么,当今内蒙古马头琴的琴头和琴杆为什么又变成一体式结构了?笔者认为,这与现代化、机械化和批量生产等有很大的关系。因为粘接式的琴头和琴杆虽然有保护马耳朵和节省木材等优势,但把琴头和琴杆分别制作再粘接,显然会增加工序和时间。而数控机床等现代机器设备能同时雕刻多个一体式结构的琴杆和琴头,这能大大节省体力劳动和时间,从而提高工作效率,帮助制琴人获取更大的经济利益。也许这是在人口较多或市场较大的内蒙古普遍制作和使用一体式结构的琴头和琴杆的主要原因之一。

(二)琴轴的结构

笔者在蒙古国做调查时发现,除乌拉木巴雅尔外,其他3位制琴人的很多琴都没有铜轴,只有木轴,这点与内蒙古木面马头琴有所不同,见图4-13至图4-16。

图4-13 白嘎力扎布的琴(无铜轴)

图4-14 巴雅日赛罕的琴(无铜轴)

图4-15 内蒙古马头琴制作人
段廷俊的琴

图4-16 内蒙古马头琴制作人莫德
乐图的琴(半成品)

对于为什么不用铜轴这一问题,白嘎力扎布、巴雅日赛罕、达瓦扎布3位制琴人的解释基本一致,即"为了让初学者学会手动调音。使他们多练习、多锻炼,成为一名好琴手"。

对于这一现象及其缘由,蒙古国马头琴制作人巴雅日赛罕对笔者说:"内蒙古的马头琴都有铜轴。我们的一直没有铜轴,只有木轴,现在也是。有人定做就做有铜轴的琴。不做铜轴是为了让初学的孩子学会自己拧轴调音,那样才能成为一名好的琴手。连调音都不会那就算不上什么好琴手了……针对自己不会调音的初学者做铜轴什么的,这样容易失去琴的……主要的、本质的东西。"蒙古国马头琴制作人达瓦扎布也是在有人定做的情况下才做带有铜轴的琴,一般都制作没有铜轴的琴。对此,他说:"为的是让小孩或初学者多练习,多锻炼。我不太喜欢铜轴…… 说蒙古乐器为神奇的乐器,其原因在于它自身……而总是去简化,那乐器的发展就不是自然的发展了。每个人的想法不一样,这只是我的想法。"但他们也清楚铜轴在定弦时的辅助作用和使用铜轴定弦的稳定性。所以,巴雅日赛罕说:"大人的(琴)或专业琴可以用铜轴。有些在调音、演奏等方面都很成熟的人也喜欢有铜轴的琴……这东西(指铜轴)也不是不好。"

对于这一现象,内蒙古马头琴制作人巴彦岱却认为:"蒙古国的马头琴是低音琴,弦的拉力相当小,可以不用铜轴。我们的琴是高音琴,高音琴不用铜轴不行。"其实,内蒙古木面马头琴也有高、中、低音之分,所以巴彦岱所说的"我们的琴是高音琴"可能是在强调内蒙古琴的音色较为"响亮、清脆"的特点。或许正如他所说,出现这种现象跟琴的定弦法、用料、尺寸比例等也有一定的关系,基于使用者角度的制作动因只是出现这种现象的主要原因之一。

仅从以上两点比较来看,蒙古国和我国内蒙古现代木面马头琴在形制结构方面显然存在一些差异,并且造成这些差异的原因有很多。笔者认为,这值得我们进一步深入研究。

二、尺寸比例的对比

蒙古国和我国内蒙古木面马头琴不仅在形制结构方面存在差异,在尺寸比例方面也有不同之处。下面从琴弦间的距离、琴弦与指板间的距离及琴箱的尺寸等几个方面做进一步的对比。

（一）琴弦间的距离

蒙古国专业马头琴制作人协会主席巴雅日赛罕接受笔者采访时说："蒙古国马头琴的琴弦间的距离及琴弦和指板之间的距离可能比内蒙古的琴的大。"至于这一说法是不是准确，我们先看以下比较。

笔者有蒙古国著名马头琴制作人白嘎力扎布做的木面马头琴（笔者于2017年在蒙古国做田野调查工作时购买）和内蒙古马头琴制作人哈达做的木面马头琴各1把。其中，白嘎力扎布的琴的两弦间的距离：上为13毫米，下为23毫米。哈达的琴两弦间的距离：上为15毫米，下为18毫米。首先，以上数据表明这两把琴琴弦间的距离显然不同。其次，从以上数据也可以看出，这两把琴的"两条琴弦之间的距离"从上到下是不同的，并且白嘎力扎布的琴这个特点更为明显。

白嘎力扎布的琴两弦上端间距为13毫米，而哈达的琴是15毫米。因此，目前还不能断言说蒙古国马头琴的琴弦间的距离一定比内蒙古马头琴的大。从这两把琴的两弦下端间距来看，也许在多数情况下，"蒙古国马头琴的琴弦间的距离比内蒙古的大"。但证明这一点还需要做系统的调查，而且也需要分类对比，不能笼统地说"大"或"小"。

（二）琴弦和指板之间的距离

内蒙古马头琴制作人哈达说："指板和琴弦之间的距离为20毫米左右，不过蒙古国的这一距离更大一些，这跟上、下码的尺寸大小有关。"

笔者对比哈达的琴和白嘎力扎布的琴的琴弦和指板之间的距离后发现，哈达的琴这个距离：上为17毫米、下为30毫米；而白嘎力扎布的琴：上为16毫米，下为30毫米。可见，在琴弦和指板之间的距离方面这两把琴也存在一些小差异，而且蒙古国白嘎力扎布的琴的这个距离反而小了一些。因此笔者认为，做此类结论之前同样需要系统调查和分类对比工作。

此外，蒙古国和我国内蒙古木面马头琴在琴弦的有效弦长和根数等方面可能都存在一些差异。如内蒙古马头琴制作人布和接受笔者采访时说："内蒙古马头琴的琴弦一个（粗弦）是 160 根，另一个（细弦）是 120 根。蒙古国的稍微多一点，多 20 根左右。内蒙古的琴的有效弦长是 52 厘米，蒙古国的琴的有效弦长是 56 厘米左右。"

下面我们再看看琴箱尺寸方面的差异。

（三）琴箱大小

我国内蒙古和蒙古国现代木面马头琴在琴箱的形状、结构和尺寸等方面都有很多相似或相同之处。不过，有些人认为蒙古国马头琴琴箱比内蒙古的要"厚"或"大"。如《中蒙两国马头琴音乐文化交流史与现状调查分析》一文认为："中蒙两国马头琴的形制、外观和制作材料等不存在标志性的明显区别，只是在个别细节和尺寸、比例上有一定差异。其中相对最为明显的区别在于共鸣箱的厚度。蒙古国马头琴的共鸣箱厚度为 9 厘米，……我国马头琴……共鸣箱厚度确定为 7 厘米。"[1]《马头琴制作工艺的田野调查——以布和的马头琴制作工艺为例》一文认为："蒙古国的马头琴由于琴箱更厚，而且选用的材料一般为桦木，其硬度要偏小一些，但形成的音色更加低沉。"[4]内蒙古潮尔/马头琴制作人巴特接受笔者采访时也说："现在……蒙古国的琴做得很厚很厚，那种琴的音色都不太好。琴箱……做太厚了（它就）变得迟钝了。他们的马头琴还达不到我们这边的音域。说潮尔还不够，是介于潮尔和马头琴中间的音色。"

其实，蒙古国现代木面马头琴也跟我国内蒙古现代木面马头琴一样，经历了多次改革，不同历史时期的种类和用料、尺寸比例都有所不同。加上制琴人和演奏者的喜好、需求等，也因人而异。因此，在琴箱的尺寸比例方面，很难说是统一的。

针对现代木面马头琴尺寸比例不统一的现象，蒙古国专业马头琴制作人协会在 2010 年曾制定"专业马头琴标准尺寸"。其中，琴箱上宽规定为 200 毫米，下宽规定为 270 毫米，琴箱宽度规定为 90 毫米。虽然在具体制作过程中，各种尺寸比例的琴都有，但这一标准尺寸对蒙古国现代木面马头琴尺寸比例的标准化还是起到了一定的促进作用。接受笔者采访的几位蒙古国马头琴制作人都清楚这一标准尺寸,有的还按这一尺寸制作过一些琴。

表 4-2 蒙古国和我国内蒙古现代木面马头琴琴箱尺寸对比

人物/著作		部件				
		琴箱			侧板	面板厚度
		高度	上宽	下宽	宽度	厚度	
蒙古国专业马头琴标准尺寸			200 毫米	270 毫米	90 毫米		
白嘎力扎布(蒙古国)		310 毫米	205 毫米	270 毫米	100 毫米		3~5 毫米(平均 4 毫米左右。中心部位厚)
达瓦扎布(蒙古国)							4~5 毫米
哈达(内蒙古)	普及琴	310 毫米	175~180 毫米	275~280 毫米	70 毫米	5 毫米	
	挖板琴		175~180 毫米	275~280 毫米	80~90 毫米	2~3 毫米	
巴彦岱(内蒙古)	高音				75 毫米		
	普中音				85 毫米		
	次中音				95 毫米		
	低音				110~120 毫米		
布和,孟建军.马头琴的制作(三)、(一).乐器.2009.2;2008.12.			(至少)200 毫米	(至少)280 毫米	68 毫米	4~6 毫米	

从表 4-2 中的数据来看,我们很难说蒙古国的琴箱一定比我国内蒙古的"大"或"厚",因为内蒙古马头琴制作人巴彦岱的低音琴的琴箱就比蒙古国标准尺寸的琴箱还要厚。应该说,就同一种琴而言,蒙古国的琴箱可能通常比我国内蒙古的琴箱厚一些。

把琴箱做厚的原因也许有很多,其中对不同音色的追求可以说是其主要原因之一。对此,《内蒙古与外蒙古马头琴艺术之比较》一文"以中音琴为例"介绍说:"内蒙马头琴琴箱的上边宽为 19 cm,下边宽为 27 cm,侧宽为 9 cm。外蒙马头琴琴箱的上边宽为 19 cm,下边宽为 27 cm,侧宽则比内蒙琴厚 2 cm,为 11 cm。……导致音色上的差异主要是琴箱的侧宽。"[3]正是由于蒙古国琴箱较"厚",所以其音色较为"浑厚、低沉"。

在此次田野调查工作中,基于时间关系等诸多原因,笔者未能对蒙古国现代木面马头琴具体尺寸做较为全面的调查。表 4-3 为蒙古国著名马头琴制作人白嘎力扎布制作的一把琴的具体尺寸,可作为参考,图 4-17 为白嘎力扎布制作的琴。

图 4-17　蒙古国著名马头琴制作人白嘎力扎布制的琴

表 4-3　白嘎力扎布的琴的具体尺寸

部位	尺寸
琴身	总长:1 020 毫米
琴杆	长:530 毫米
	宽:22~23 毫米
有效弦	长:550 毫米
琴箱	下宽:270 毫米
	上宽:205 毫米
	高:310 毫米
	厚(侧板宽度):100 毫米
琴轴	长:145 毫米
琴弓	总长:845 毫米
下码	宽:75 毫米
	高:35 毫米
上码	宽:25 毫米
	高:15 毫米

(第)(二)(节)

用料及其加工法的比较

一、木料的选择

在我国内蒙古和蒙古国马头琴用料方面,《内蒙古与外蒙古马头琴艺术之比较》一文"以中音琴为例"介绍说:"琴杆:都为红木制造⋯⋯琴箱:都为红木梯形状造型。"[3]有意思的是,这与笔者的田野调查结果有点不同。

笔者通过田野调查工作了解到,当今内蒙古马头琴制作人主要用色木(枫树)、白松、桐木等木料制作木面马头琴,而蒙古国白嘎力扎布等4位马头琴制作人主要用桦木、白松和其他一些木料来制作马头琴。

在面板木料方面,无论是蒙古国的4位制琴师,还是我国内蒙古的制琴师都主要用白松和梧桐木,这一点可以说基本趋于统一。但在琴杆、背板、侧板用料的选用方面则有所不同。接受笔者采访、调查的蒙古国几位马头琴制作人主要用桦木制作琴杆和背板、侧板,而内蒙古的制琴师基本都用色木来制作琴杆和背板、侧板。这是我国内蒙古和蒙古国马头琴制作在选材方面的一个明显区别。

表 4-4 制琴人对于我国内蒙古和蒙古国马头琴木料区别及木料性能等的看法

人物	区别	访谈时间
巴雅日赛罕 (蒙古国)	我们 70%～80% 都用桦木。面板用白松等木料制作	2017 年 10 月 28 日
朝路 (内蒙古)	木料不一样,蒙古国的琴主要用桦木制作	2017 年 4 月 8 日
莫德乐图 (内蒙古)	蒙古国的琴都用桦木和松木制作,达不到世界标准,桦木主要是制作家具的木料。那里没有枫树。对琴来说第一重要的是音色,第二重要的是工艺,第三重要的是材质	2017 年 5 月 31 日
段廷俊 (内蒙古)	我们用的是色木,国际认可的材料。他们用桦木,国际不认可呀⋯⋯我们用的是跟提琴一样的材料,非常讲究	2017 年 5 月 31 日

其实,我国内蒙古和蒙古国的不少马头琴制作人也基本都知道这一区别,而且对这些木料的性能等也有属于自己的认识和看法。

从表4-4可以看出,在蒙古国马头琴用料中桦木占很大的比重,因为桦树在蒙古国较为常见,而且比较适合制琴,所以这种用料选择不难理解。

材料的选用不仅跟当地地理环境、客观条件等有很大的关系,而且还与制作人对于材质的认知,以及制琴人和用户的喜好,所喜欢的音色、音质等多种因素有关。如有些人就喜欢听传统皮面马头琴那种浑厚、柔和的音色,而要满足这种需求,就需要选用皮料来蒙面。对于内蒙古木面马头琴制作来说,采用被"国际认可的材料"显然是一种优势,但用被"国际认可的材料"制作出来的琴就一定是把好琴吗?也未必。除材质外,材料的加工、具体尺寸比例和制作技艺等都会影响到一把琴的音色、音质。

二、琴弦、胶类等的选择

据笔者调查,当今我国内蒙古和蒙古国的木面马头琴基本都用尼龙丝做琴弦,而且蒙古国部分马头琴制作人的尼龙丝是从日本、中国等国家进口的。

在胶类使用方面,接受笔者采访的蒙古国几位马头琴制作人主要用明胶、兔皮胶、白乳胶等,而接受采访的内蒙古十余位马头琴制作人主要用明胶、"哥俩好"胶、502胶、白乳胶等。

其实,无论在我国内蒙古还是在蒙古国,如今依然有人在制作和使用传统皮面马头琴。其皮料的选择和加工法因人而异,也富有地域特点。如在蒙古国南部戈壁(沙漠)地区制作马头琴琴箱时,主要选用驼羔皮来蒙面,但这不是本章所要讨论的问题,所以在此省略进一步的详细比较。

总之,我国内蒙古和蒙古国现代木面马头琴制作在材料的选用方面也存在一些差异。

三、木料的加工

上文已有介绍,在木料的干燥法方面,内蒙古不少马头琴制作人认为用自然干燥法干燥的木料好，做出来的琴的声音也好听。蒙古国马头琴制作人白嘎力扎布也在用自然干燥法。他接受采访时说："都放在外面自然干燥，放2~3年，之后切成小块放在屋里继续干燥。"

内蒙古不少马头琴制作人认为不能让木料被暴晒，也不能让它被雨淋。但白嘎力扎布却说："在外面晾干时不怕被雨淋，淋一次再干一次，那样会变得更结实。"显然，他强调的是"在外面晾干时"，不过这种干燥法有没有科学依据，还有待进一步的考证。

在木料的干燥时间方面，很多制琴人都认为干燥的时间越长越好。对于这个问题，内蒙古马头琴制作人青格利认为："越干的木料它的声音就越好听。在蒙古国有干燥多年的做马头琴的木料。在我们这里从市场买来之后也就干燥一两年就直接用了。"正如他所说，也许在内蒙古这种现象的确比较普遍。但笔者在田野调查工作中也遇到并拍摄过内蒙古一些制琴人储藏的干燥时间为"十几年甚至二十余年"的木料。

木料的储藏和加工法也有多种。内蒙古马头琴制作人段廷俊接受采访时说："现在做琴的人都不敢多买木料，有好料我们就买。靠物流运过来。现在都规范了。专门有下料的、卖料的……过去的木料是有指标的。"但白嘎力扎布却说："我后院满院都是制琴的木料，足够用20年。桦树用得最多。"显然，段廷俊和白嘎力扎布在木料储藏方面也有不同的认识和做法。

笔者认为，这些调查资料或许还不能代表我国内蒙古和蒙古国马头琴制作中的用料选择及其加工方面的整体差别，但起码能够证明类似的差别是的确存在的。

此外，据笔者调查了解，在木料的锯切和刨平方面，我国内蒙古和蒙古国的制琴人现在几乎都在用机器和手工相结合的方法。

下面我们再看看具体制作过程中的一些差异和相似之处。

第三节
制作技艺的比较

一、制作工序的区别

形制结构、尺寸比例、用料等存在差异,因此我国内蒙古和蒙古国马头琴制作工序方面也存在一些区别。

(一)铜轴槽的制作和铜轴的安装

相比内蒙古现代木面马头琴,蒙古国木面马头琴多数都没有铜轴,所以自然就省略了铜轴槽的制作和铜轴的安装等工序。

通过这次调查笔者发现,蒙古国乌拉木巴雅尔等马头琴制作人也在制作带有铜轴的琴,而且用的铜轴有 2~3 种,其安装法也有各自的特点。如图 4-18、图 4-19 所示,内蒙古哈达的琴安装完铜轴后再盖薄木板加以美化,而乌拉木巴雅尔的一些琴就没有扣盖环节。当然,这只代表个人铜轴选用及其安装方法方面的区别。据调查了解,当今内蒙古马头琴制作人用的铜轴也不止一种。

图 4-18　哈达的琴

图 4-19　乌拉木巴雅尔的琴

（二）琴头和琴杆的连接

上文已介绍，蒙古国一些马头琴制作人如今仍喜欢制作琴头和琴杆分开的马头琴。与此相反，内蒙古越来越多的制琴师喜欢用数控机床等把琴杆和琴头一同雕出来。显而易见，在机器雕刻过程中琴头和琴杆的连接和后期加工等工序自然就被省略掉。

以上列举的只是形制结构和制作工具等所导致的一些制作工序和技艺的差别。当然，我国内蒙古和蒙古国现代木面马头琴制作方面的差异不仅仅是这些。若要比较整个制作过程还需要进一步、较全方位的调查工作，而本文因资料短缺，对这一问题暂不做深入讨论。

笔者通过田野调查发现，其实我国内蒙古和蒙古国马头琴制作技艺既存在差别，又有诸多的相似和相同之处。如用拼版的方法制作面板、用刨制的方法制作弧形面板等，这些不仅在内蒙古马头琴制作中比较常见，在蒙古国马头琴制作中也很常见。

二、机械化程度的差异

蒙古国白嘎力扎布、乌拉木巴雅尔、巴雅日赛罕、达瓦扎布等人的马头琴制琴厂在蒙古国都属于较大的制琴厂。这些厂子的规模和机械化程度等互不相同。其机器设备主要从俄罗斯、德国、中国、韩国等国家引进。马头琴制作人布和也曾对笔者说："蒙古国的一些马头琴制作人从我们这儿买过机器设备。他们的机器设备跟我们的是一样的。"那么，我国内蒙古和蒙古国马头琴制作的机械化程度是否也一样呢？下面从机器设备的引进、使用和受欢迎程度等几个方面进一步探讨这一问题。

（一）机器设备的引进

蒙古国一些马头琴制作人主要从俄罗斯、德国、中国、韩国等国家购买机器设备，但接受笔者采访的十几位内蒙古马头琴制作人中，几乎没有人从蒙古国引进过机器设备。也就是说，我国内蒙古和蒙古国之间的机器设备的引进并非是双向的，而更多的时候是单向的。

(二)机器设备的使用程度

在内蒙古和蒙古国马头琴制作中,机器设备的使用情况也有所不同。就拿琴头的制作来说,内蒙古哈达等制作人用数控机床同时能雕刻8个琴头。内蒙古马头琴制作人莫德乐图甚至说:"只要有足够的场地,同时雕刻多少个琴头都可以,那不是问题。"而接受采访的蒙古国四位马头琴制作人中白嘎力扎布、巴雅日赛罕、达瓦扎布等在多数情况下,都靠手工雕刻琴头。仅从这一点来讲,内蒙古马头琴制作的机械化程度显得更高一些。

在蒙古国四位马头琴制作人中,唯有乌拉木巴雅尔多用机器雕刻琴头,不过他"一次只雕两个琴头"。虽然在数量方面还存在一些差异,但对此乌拉木巴雅尔解释说:"我有20多台机器。可以同时雕刻多个琴头,但那样做出来的琴头有各种缺陷,效果不是很理想。所以我现在一般同时雕刻两个琴头。"正如他所说,也许蒙古国一些马头琴制作的机械化水平不亚于我国内蒙古,但整体机械化程度很有可能不如我国内蒙古,因为乌拉木巴雅尔只代表少数或个别。

(三)对机械化制作的态度

其实蒙古国制琴人也不排斥机械设备,因为这四位制琴人基本都认为练习琴(普及琴)可以用机器制作,那样能节省时间和劳动力,效率也高。甚至白嘎力扎布等"以手工制作为主"的马头琴制作人也从内蒙古批量购买用机器雕刻的琴码,将其配用在自己的琴上。接受笔者采访时,他说:"从内蒙古买了1 000个琴码(图4-20)。我们之前靠手工制作琴码,用这种机器制作的琴码既便宜又能节省时间。"

白嘎力扎布、巴雅日赛罕、达瓦扎布

图4-20　白嘎力扎布从内蒙古购买的部分琴码

181

等人有经济实力引进更多的机械设备,那么他们为什么还要继续选择手工制作? 对此,巴雅日赛罕说:"用手工雕刻的每个'马头'—— 琴头都有各自的特点,多取决于制琴人当时的灵感。蒙古国制琴人更喜欢自由的创作。"正因为有这样的理念和传统,蒙古国的手工雕刻技艺才相对成熟,也深受我国马头琴制作人和其他专业人士的认可和赞扬。著名马头琴大师齐·宝力高先生接受笔者采访时也说:"蒙古国的琴头都是手工雕刻的(图4-21、图4-22)。他们的手工技艺更精致。……牙齿的作用是辟邪,我们这边都没有牙齿,只有大致的形状而已。看人家的,眼睛里的血管都做得那么生动、精致,有马在看你似的那种效果。这是叫白嘎力扎布的人做的琴头。"与此相比,现在内蒙古马头琴制作人很少有人用手工雕刻琴头,越来越多的人都以机械化制作代替了手工雕刻。

图 4-21　人工雕凿琴头细节　　　　图 4-22　白嘎力扎布的工人在手工雕刻琴头

　　以上主要比较了我国内蒙古和蒙古国木面马头琴制作中的一些不同之处。其实在我国内蒙古和蒙古国马头琴制作中也有很多相似或相同之处。尤其,近些年随着两地文化艺术类交流活动的增多,我国内蒙古和蒙古国木面马头琴的形制结构、尺寸比例、用料、制作技艺和定弦法、演奏技法等诸多方面均出现了更多的共同特点。前人研究著作中对此也有观察和分析,如《中蒙两国马头琴音乐文化交流史与现状调查分析》一文说:"从20世纪90年代末开始,与人才交流的频繁和深入几乎同步,大量的蒙古国马头琴出口到我国,……大部分厂家则选择对我国现有的马头琴形制进行改革,学习蒙古国马头琴的一些工艺特点,生产出共鸣箱厚度为9厘米,既有蒙古国制作特点又保留了一定的中国制作特点的马头琴。"[1]《蒙古族非物质文化遗产研究——马头琴及其文化变迁》一文也认为："内蒙古马头琴的共鸣箱,比蒙古国的要小很多,音色方面不如蒙古国马头琴深沉厚重。随着近年来中蒙两国间的文化交流日益增多,内蒙古马头琴界向蒙古国学习,参考其共鸣箱的尺寸,加大了了(可能多打了一个'了'字——笔者)共鸣箱的体积。同时,蒙古国的马头琴制作也在向内蒙古学习,之前蒙古国使用的弓子,一直是传统马头琴琴弓子的改进型,无论其功能和造型,都不如内蒙古的马头琴弓子。近些年来,他们也在学习和借鉴内蒙古马头琴的经验,对其弓子逐步进行改革。"[2]62 这些文章虽然都提及我国内蒙古和蒙古国马头琴制作的相互学习和影响,但要全面比较两地马头琴制作技艺的相似和相同之处及详述相互的影响等,同样需要系统的调查和深入的研究。

小结

以上对我国内蒙古和蒙古国马头琴制作技艺做了一个简单的比较,概括起来主要探讨了以下5点问题:

1.在形制结构和尺寸比例等方面内蒙古和蒙古国木面马头琴有很多共同点,也存在一些差异,可以说大同小异。

2.在用料方面主要是所用木料、胶类等有所不同。蒙古国的主要用桦木、白松等制作马头琴,而内蒙古的主要用枫木、白松、梧桐木等制作马头琴。用料的加工方式也因人而异,在蒙古国也有一些较为特殊的加工方法。

3.两地马头琴的形制结构方面的某些区别导致了制作工序上的差异。如,蒙古国木面马头琴中没有铜轴的琴较多,制作这类马头琴自然就会省略掉铜轴槽的制作和铜轴的安装等工序。又如,蒙古国马头琴的琴头和琴杆一般都采用分开式结构,制作这类琴多了粘接和后续加工等工序。

4.在机械化程度方面,内蒙古马头琴制作行业整体的机械化程度可能略高一些,而蒙古国的制琴师们在保护和传承传统的手工制作技艺方面做得更好一些。

5.作为同一个民族的同一种乐器的制作,内蒙古和蒙古国木面马头琴制作之间自然有很多共同的特点。加上近些年来随着我国内蒙古和蒙古国马头琴界的相互学习和交流活动的增多,两地木面马头琴在形制结构、尺寸比例、用料、制作技艺和定弦法、演奏技法等诸多方面都有了更多的共同特点。

总之,不管是我国内蒙古马头琴还是蒙古国马头琴都曾经历一些有目的、有计划或者有组织的改革。由于社会文化背景及对马头琴进行改革的起始时间、改革过程和改革者等均有所不同,两地木面马头琴在形制结构、用料尺寸和制作技艺等方面呈现出了一些不同的特点。

现代木面马头琴是在传统皮面马头琴的基础上研制出的新型马头琴。在这一改革过程中,人们曾努力保留传统皮面马头琴的形制结构、制作技艺及音色和演奏技法等"本质性"的因素。但在这一改革中,不管是我国内蒙古的还是蒙古国的木面马头琴,均受到过小提琴等西方乐器的一些影响,如现代木面马头琴的弧形面板、音梁和音柱等均是参照小提琴形制结构做出来的,甚至琴弓也是参照小提琴琴弓研制出的新型琴弓。就这一点来讲,木面马头琴的研制中既有传承也有创新。我国内蒙古和蒙古国木面马头琴在多大程度上保留了皮面马头琴的传统特点?它们通过什么渠道受到小提琴等西方乐器及其制作技艺的影响?受影响的程度有什么不同?类似诸多问题,值得我们进一步比较研究。

要全面深入地比较我国内蒙古和蒙古国马头琴制作技艺,不仅需要田野调查资料的充实,还需要充分参考蒙古国相关研究成果。限于所获信息,本章对我国内蒙古和蒙古国木面马头琴制作技艺只做了一个简单的比较,虽然未能做到全面、深度比较,但相信这一简单比较对蒙古国木面马头琴制作的基本了解和后续研究等都具有一定的参考价值和意义。

备注

①对蒙古国四位马头琴制作人的访谈时间和地点:

白嘎力扎布

时间:2017 年 10 月 23 日

地点:白嘎力扎布制琴厂

乌拉木巴雅尔

时间:2017 年 11 月 7 日

地点:乌拉木巴雅尔乐器店

巴雅日赛罕

时间:2017 年 10 月 28 日

地点:巴雅日赛罕制琴厂

达瓦扎布

时间:2017 年 11 月 7 日

地点:达瓦扎布制琴厂

②对内蒙古几位马头琴制作人的访谈时间和地点:

孟斯仁

时间:2017 年 5 月 12 日

地点:孟斯仁家(内蒙古锡林郭勒盟西乌珠穆沁旗巴拉嘎尔高勒镇)

巴彦岱

时间:2017 年 4 月 15 日

地点:巴彦岱工作室(内蒙古阿拉善盟巴彦浩特镇)

哈达

时间:2016 年 7 月 30 日

地点:科右中旗蒙古族拉弦乐器制作传承基地(内蒙古兴安盟科尔沁右翼中旗白音胡硕镇)

布和

时间:2017 年 12 月 17 日

地点:骏马乐器店(内蒙古呼和浩特)

巴特

时间:2018 年 2 月 12 日

地点:馨家快捷宾馆 302 室(内蒙古通辽)

青格利

时间:2017 年 4 月 13 日

地点:巴彦淖尔市蒙古族中学"马头琴制作室"(内蒙古临河)

段廷俊

时间:2017 年 5 月 31 日

地点:音艺马头琴厂(内蒙古呼和浩特)

185

莫德乐图

时间：2017 年 5 月 31 日

地点：苏和的白马民族乐器有限公司(内蒙古呼和浩特)

齐·宝力高

时间：2017 年 1 月 11 日

地点：齐·宝力高家(北京)

参 考 文 献

［1］张劲盛.中蒙两国马头琴音乐文化交流史与现状调查分析［J］.音乐传播,2014
（3）：103-111.

［2］通拉嘎.蒙古族非物质文化遗产研究——马头琴及其文化变迁［D］.北京：中央
民族大学,2010.

［3］乌云毕力格.内蒙古与外蒙古马头琴艺术之比较［J］.音乐时空,2015(19)：101-
102.

［4］李旭东,乌日嘎,黄隽瑾.马头琴制作工艺的田野调查——以布和的马头琴制
作工艺为例［J］.内蒙古大学艺术学院学报,2015(3)：44-52.

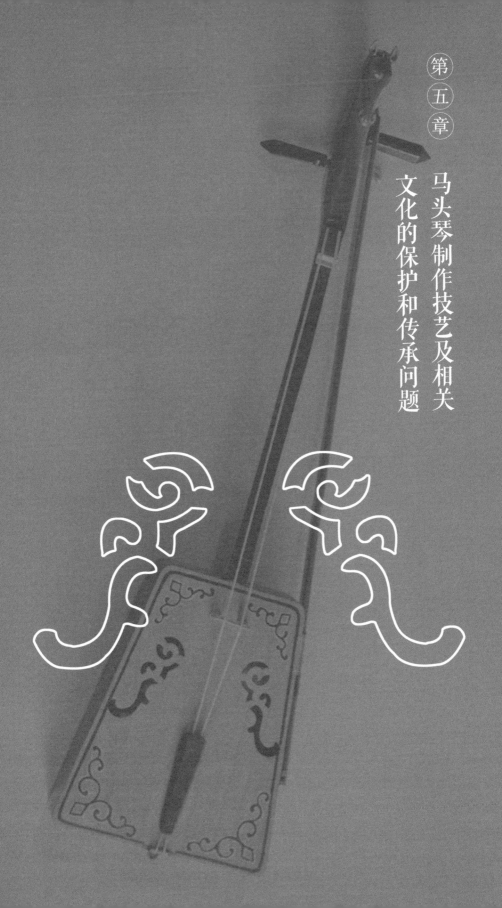

第五章

马头琴制作技艺及相关文化的保护和传承问题

相关文献史料和前人研究表明，蒙古人历来很重视乐器的制作与管理，如在忽必烈汗时期就曾建立"专门社"来负责"制作乐器、礼服……"事宜[1]。《元史·礼乐志》中有记，"……即又命王镛作大成乐，诏括民间所藏之乐器"，"仁宗皇庆初，命太常补拨乐工，而乐制日备，大抵其于祭祀，率用雅乐"[2]。这些均表明当时蒙古上层阶级很重视宫廷乐器的制作与管理。

在明、清，尤其清代不少文献史料中均记载有乐器制作和管理制度，其中也有与潮尔、伊奇里等蒙古族拉弦乐器管理和制作相关的内容。本书第一章和第二章中均有举例分析，故在此不再赘述。

由于"马头琴"这一称谓以文字形式出现得较晚，因此有关马头琴制作技艺的专记史料非常少。从目前收集到的文献资料来看，从清末民初到20世纪中叶，由于当时的政治动荡和社会骚乱等原因，马头琴制作技艺未能被人们充分关注和重视。

自20世纪中后期开始，随着马头琴改革活动的推进，马头琴制作技艺日渐受到政府部门和行业人士的重视。但当时人们更多是为了改制，还未真正意识到保护和传承及振兴这门技艺的重要性。

进入21世纪后，随着全世界范围的非物质文化遗产（以下简称"非遗"）保护热潮的到来，政府部门和相关行业人士逐渐开始重视马头琴制作技艺，如马头琴制作技艺于2011年被列入"第三批国家级非物质文化遗产代表性项目名录"，包括马头琴制作技艺在内的蒙古族拉弦乐器制作技艺于2018年被列入"第一批国家传统工艺振兴目录"。另外，国内学术界对马头琴制作技艺的关注也明显增多，有了一些马头琴制作技艺调查、记录和专题研究成果。这些均表明政府、学界乃至社会各界正在关注和关心马头琴制作技艺的保护与传承问题。

本章重点分析目前国内马头琴制作技艺及其相关文化的保护和传承概况，并提出几点不成熟的建议。

第一节
马头琴制作技艺的保护和传承情况分析

通过政府部门和社会各界的共同努力,近些年来马头琴制作技艺的确认、立档、保存、保护、研究、宣传、传承等工作均取得了一些令人欣慰的成绩,但这并不代表在马头琴制作技艺的保护和传承工作中不存在问题。据笔者观察,在保护范围和力度、传承方式和传承人培养及宣传推广、理论研究等方面均存在一些问题。要更好地保护和传承乃至振兴这门技艺,需要总结以往的工作经验,找出并解决存在的问题,同时借鉴国内外非遗保护和传承工作的成功经验,把这项工作做得更加科学、合理。

非遗的保护和传承方式可以有很多种。因为非遗的种类较多,不同的非遗种类需要不同的保护和传承方式,在实践过程中,不同国家、地区也都积累了不同的保护和传承经验。联合国教科文组织于 2003 年 10 月通过的《保护非物质文化遗产公约》把非遗分为"口头传统和表现形式,包括作为非物质文化遗产媒介的语言""表演艺术""社会实践、仪式、节庆活动""有关自然界和宇宙的知识和实践""传统手工艺"五大类。《中华人民共和国非物质文化遗产法》把非遗分为"传统口头文学以及作为其载体的语言""传统美术、书法、音乐、舞蹈、戏剧、曲艺和杂技""传统技艺、医药和历法""传统礼仪、节庆等民俗""传统体育和游艺""其他非物质文化遗产"六大类。而"国家级非物质文化遗产代表性项目名录"则把非遗进一步分为十大门类,即"民间文学""传统音乐""传统舞蹈""传统戏剧""曲艺""传统体育、游艺与杂技""传统美术""传统技艺""传统医药""民俗"。正因为非遗的种类繁多,所以在国内非遗的保护与传承方面也出现了"两种、三种、四种、五种、六种"保护方式和"两类、三类、四类、五类"传承方式[3]等多种保护和传承方式,甚至到了"难以统一"[3]的程度。

国内理论界对传统工艺的保护和传承方式、方法也做过一些研究,如华觉明先生在其《传统手工技艺保护、传承和振兴的探讨》一文中提出"资料性保护、记忆性保护、政策性保护、扶持性保护和维护性保护"五种保护形式和"师徒、家族传承和社会传承等两种传承方式(现存的手工技艺传承方式)"[4]。刘德伟的《传统民间手工艺的整体性保护》一文主要探讨了"整体性保护"[5]问题。显然,传统工艺的保护和传承方式也可以有多种,而且针对不同情况可采取一些不同的方式、方法。

据笔者了解,有关马头琴制作技艺的保护和传承方面的理论研究成果相当少,这方面的工作做得远远不够。在马头琴制作技艺的保护和传承工作中应加强理论研究工作,帮助社区和制作人提高对传统工艺价值内涵的认识,在具体的保护和传承工作中让理论引导实践。

下面我们先介绍国内目前马头琴制作技艺的保护与传承情况。

一、马头琴制作技艺的保护情况

国内马头琴制作技艺的保护工作可以说主要集中在"政策性保护"、"扶持性保护"和"资料性保护"上。

首先,把马头琴制作技艺列入旗/县、盟/市、自治区/省和国家级"非物质文化遗产代表性项目名录",以及命名马头琴制作技艺代表性传承人,并给予他们政策和资金等多方面的支持便是"政策性保护"和"扶持性保护"的一种体现。

2011年,由内蒙古自治区兴安盟科尔沁右翼中旗(以下简称"科右中旗")组织申报的"民族乐器制作技艺(蒙古族拉弦乐器制作技艺)"被成功列入"第三批国家级非物质文化遗产代表性项目名录"中。同年,由吉林省前郭尔罗斯蒙古族自治县(以下简称"前郭县")组织申报的"民族乐器制作技艺(马头琴制作技艺)"也被列入"第三批国家级非物质文化遗产代表性项目名录"。这些年,科右中旗文化馆和前郭县文化工作总站(前郭县非物质文化遗产保护中心)等相关单位在马头琴制作技艺的保护和传承方面做了很多实际工作,并在一些领域取得了较好的成绩,如科右中旗近些年在"保护人、保护项目、保护文化表现形式"等方面采取了把蒙古族拉弦乐器制作技艺列入旗级非遗名录,并积极组织申报盟/自治区/国家级非遗代表性项目、培养传承人队伍、普查记录建档、宣传和展示、政府帮助下单提升产业化制作规模等多种措施,保护蒙古族拉弦乐器制作技艺并取得了一

定的成绩。

此外,文化和旅游部、工业和信息化部于 2018 年 5 月联合发布的"第一批国家传统工艺振兴目录"中也列入了"蒙古族拉弦乐器制作技艺(项目编号:Ⅰ−QJZZ−3)"。这些均表明国家和相关部门重视并正在采取具体措施保护、传承和振兴蒙古族拉弦乐器制作技艺这门传统工艺。

在传统工艺的保护工作当中,传承人的保护是最基本的一项工作。自21 世纪初以来,各级政府和相关部门在通过命名"非物质文化遗产项目代表性传承人"等方式鼓励民间艺人的同时,给他们提供了政策支持和资金帮助等多方面的便利,如内蒙古文化厅在 2008 年 10 月 8 日公布的"第一批自治区级非物质文化遗产项目代表性传承人"名单中,把科右中旗胡庆海、哈达两位制琴人命名为"蒙古族拉弦乐器制作工艺代表性传承人"。2012 年 12 月 31 日公布的"第三批自治区级非物质文化遗产名录项目代表性传承人"名单又把科右中旗乐器制作人吐门乌力吉命名为"蒙古族拉弦乐器制作工艺代表性传承人"。2014 年 8 月 19 日公布的"第四批自治区级非物质文化遗产名录项目代表性传承人"名单把内蒙古阿拉善盟制琴人巴彦岱命名为"蒙古族拉弦乐器制作工艺代表性传承人"。文化部于 2012 年12 月 20 日公布的"第四批国家级非物质文化遗产项目代表性传承人名单"中把科右中旗马头琴制作人哈达命名为"民族乐器制作技艺(蒙古族拉弦乐器制作技艺)代表性传承人"。此外,各盟市、旗县的政府和相关部门也重视制作人的保护问题,尽可能多给他们提供帮助和支持。接受笔者采访的内蒙古锡林郭勒盟西乌珠穆沁旗青年马头琴制作人却云敦的琴店就是当地政府给创业者免费提供的。类似的例子有很多,在此不一一枚举。

除"政策性保护""扶持性保护"外,马头琴制作技艺的"资料性保护"工作也取得了一些成绩,其中对现存马头琴制作技艺的调查、记录、保存和传统马头琴实物征集方面取得的成绩较为突出。

据笔者了解,马头琴制作技艺的调查、记录工作主要由专家、学者和相关人士自主完成。自 21 世纪初以来,一些专家、学者和相关人士从技术史的角度对马头琴制作技艺进行系统调查和记录,并对其进行了专题研究。这对马头琴制作技艺的保存、保护和传承等来说是很重要的一项工作。

　　笔者通过田野调查发现，如今我国内蒙古和蒙古国各级博物馆及一些私人博物馆都藏有多件传统马头琴实物。在第一章所介绍的锡林郭勒盟西乌珠穆沁旗男儿三艺博物馆馆藏的"清代马头琴"、兴安盟科尔沁右翼前旗博物馆馆藏的"清代马头琴"均为中华人民共和国成立初期从民间征集的传统马头琴。齐·宝力高马头琴博物馆馆藏的"元代马头琴"也是从内蒙古锡林郭勒盟征集到的传统马头琴。此外，内蒙古鄂尔多斯市乌审旗博物馆（中国马头琴博物馆）、吉林省郭尔罗斯王府中国马头琴之乡陈列馆、内蒙古兴安盟科尔沁右翼中旗历史博物馆、内蒙古锡林郭勒盟博物馆、蒙古国国家博物馆、蒙古国恰特博物馆等博物馆（陈列馆、纪念馆、展览室）均藏有多件传统马头琴实物。

　　锡林郭勒盟博物馆馆藏的一把"清代马头琴"（图5-1至图5-3）。

图5-1 "清代马头琴"全貌　　图5-2 琴头　　图5-3 琴码

　　锡林郭勒盟博物馆馆藏的一把"民国马头琴"（图5-4至图5-6）。

　　图5-4 "民国马头琴"全貌　　图5-5 琴头　　图5-6 琴箱

这些博物馆中有些是进入 21 世纪后新建的，如乌审旗博物馆为 2012 年经批准建立的，该馆内"共陈列 106 把马头琴"，主要是从"科尔沁、察哈尔地区和蒙古国收集的马头琴"。可以说这是进入 21 世纪后政府和相关部门加强马头琴制作技艺"资料性保护"工作的一种体现，因为传统马头琴实物对于马头琴制作技艺的复原、保护和传承等同样具有重要的价值和意义。

除了现存技艺的调查、记录和实物征集外，有关文献史料的梳理对于马头琴制作技艺的保护和复原也很重要，过去的部分学位论文和著作也做过一些相关文献史料的梳理工作。

总之，马头琴制作技艺的资料性保护可以说已取得了一定的成绩。用华觉明先生的话说，这类资料性保护是"基础性的工作"，因为有资料性保护，才会有在此基础上"予以展示和弘扬"的"记忆性保护"等其他保护工作。

二、马头琴制作技艺的传承情况

非遗的传承方式也有很多，按《我国非物质文化遗产保护与传承的方式及策略研究述评》一文的总结归纳，有"两类、三类、四类、五类"等多种传承方式。具体有"家族传承、师徒传承""群体传承、传承人传承""自然传承、外力传承传播""活态传承、固态传承""家族传承、师徒传承、手抄传承""血缘传承、业缘传承、教育传承""大众传承、家族式传承、从师学艺式传承""血缘传承、地缘传承、书面传承、业缘传承""群体传承、家庭（或家族）传承、社会传承、神授传承"等多种传承方式[3]。对于传统工艺的传承方式，华觉明先生认为，"我国传统手工技艺在现时代并存着师徒、家族传承和社会传承这两种方式"[4]。据笔者观察，如今的马头琴制作技艺的传承方式中有师徒传承、家族传承、业缘传承、教育传承等几种传承方式。

师徒传承和家族传承是两种传统的传承方式。在马头琴制作技艺的传承中，这两种传承方式至今仍在发挥重要作用。表 5-1 是接受笔者采访的几位国内外马头琴制作人的习艺渠道和方式。

在这 14 位制作人中，有 5 位是通过师徒传承的方式掌握马头琴制作

表 5-1　马头琴制作人学艺方式比较

制作人	出生年份	出生地	文化程度	学艺方式
色登	1943 年	内蒙古科右前旗	初中	自学、模仿
孟斯仁	1948 年	内蒙古西乌珠穆沁旗	初中	自学、模仿
段廷俊	1949 年	内蒙古四子王旗		学徒(或业缘传承;师从呼和浩特民族乐器厂的师傅们)
青格利	1956 年	内蒙古杭锦旗	毕业于内蒙古教育学院	师徒传承(师从田春林)
白嘎力扎布	1958 年	蒙古国南戈壁省	小学六年级	自学(或家族传承;其两个舅舅也会做琴,刚开始做琴时向他们请教过一些)
巴彦岱	1960 年	内蒙古阿拉善左旗	初中	师徒传承(师从布和等)
包雪峰	1961 年	内蒙古科右中旗		跟民间艺人学的
特木齐	1963 年	内蒙古西乌珠穆沁旗	小学	自学、模仿
布和	1971 年	吉林省辽源市	初中	家族传承(跟其姐夫包雪峰学了马头琴制作)
巴雅日赛罕	1975 年	蒙古国色楞格省	十年级	师徒传承(在学校时有老师教雕刻等基本功,后师从恩和宝力道)
达瓦扎布	1977 年	蒙古国南戈壁省	毕业于蒙古国电影艺术学院	师徒传承(师从白嘎力扎布)
朝路	1978 年	内蒙古翁牛特旗		师徒传承(师从段廷俊)
莫德乐图	1980 年	内蒙古巴林右旗	毕业于齐·宝力高国际马头琴学院	打工学习(或业缘传承;在北京平谷的一家提琴厂打工学的乐器制作)
却云敦	1985 年	内蒙古西乌珠穆沁旗		父子传承(跟其父亲特木齐学了马头琴制作)

技艺的。通过父子传承或家族传承的方式掌握马头琴制作技艺的有 2 至 3 位。可见,如今在马头琴制作技艺的传承方式中,师徒传承和家族传承依然很

常见。

　　有意思的是,色登、孟斯仁、特木齐和蒙古国著名马头琴制作人白嘎力扎布等老一辈制琴人主要通过"自学"的方式掌握这门技艺的。通过访谈笔者了解到,这种自学过程主要由观察、模仿、试做等几个步骤组成。在民间也有人把这种学习、传承方式称为"偷学"。笔者认为,早期在民间这种自学(或偷学)方式可能是较为常见的一种技艺掌握或传承方式。首先,从表5-1能看出在这14位制琴人中有4位是通过这种方式掌握马头琴制作技艺的,并且这4位制琴人均是较为年长者。这个数量比例和年龄特征可以说明早期这种自学(或偷学)方式可能较为常见。马头琴制作人色登回忆学艺过程时说:"那是1959年,当时我是初二的学生。桑都仍去呼盟演出时我就坐在他身旁看,也看了他用的马头琴是怎么做的。他回去之后,我就按当时的印象做了马头琴,大概用了一个月左右的时间把马头琴做出来了。自己也学会了拉琴,《诺丽格尔玛》《达那巴拉》等曲子都是当时学会的。"[①]在爱好马头琴、四胡等拉弦乐器的蒙古族民间艺人中,这种自己动手制琴的例子也并不罕见。其次,早期民间的马头琴大都自制自用,很少有专门制作马头琴的人。对此,著名马头琴演奏家齐·宝力高接受采访时也说:"那时没有专门制琴的人,都是木匠制琴。"[②]所以当时相比"师徒传承(尤其有正规拜师或收徒仪式的师徒传承)",或许这种自学(偷师学艺)或家族传承方式更为常见。

　　从表5-1能看出,朝路、巴雅日赛罕、达瓦扎布等年轻一代的制作人几乎都以师徒传承的方式掌握马头琴制作技艺的,其师傅都是有名的马头琴制作人。因此笔者认为,这种马头琴制作技艺的师徒传承方式可以说是马头琴制作相对专业化后才出现的一种传承方式。

　　随着马头琴制作的专业化,在我国内蒙古和蒙古国等地均出现了一些不同规模的马头琴制琴厂和公司等。在这种现代化、企业化、机械化制作中,也存在制琴师和工人之间的马头琴制作技艺授受关系,即业缘传承关系。

　　对于内蒙古共有多少家马头琴制琴厂这一问题,人们的说法大有不同,见表5-2。接受笔者采访调查的19位马头琴制作人均有自己的制琴

----

① 马头琴制作人色登访谈.时间:2017年3月26日.地点:"色登马头琴工作室".

② 著名马头琴制作人齐·宝力高访谈.时间:2017年1月11日.地点:齐·宝力高北京家里.

表5-2 对内蒙古马头琴制琴厂的部分统计

人物	采访时间	在呼和浩特的马头琴制琴厂	整个内蒙古的马头琴制琴厂	其他说明
齐·宝力高	2017年1月11日	在呼和浩特有54家马头琴厂子,听说现在有56家了。	/	现在河北也有人制作马头琴,并且在网上销售
色登	2017年3月26日	呼和浩特现在可能有100家厂子	/	/
布和	2017年12月17日	在呼和浩特有四五十家	整个内蒙古有70多家。基本都是作坊式的	作坊式的也不少,一两个人做的那种
莫德乐图	2017年5月31日	呼和浩特有20家厂子吧	/	正规的有十几个
段廷俊	2017年5月31日	七八十家	全内蒙古有100多家	/
青格利	2017年4月13日	可能不止50家	/	/

厂,其中既有一两个人的小作坊,也有员工数量有十几名甚至数十名的较大的厂子和公司。表5-3为笔者在田野调查工作中收集到的部分制作坊、制琴厂和公司的相关信息。

显然,在内蒙古现代马头琴制作行业里雇用员工的现象很普遍。虽然大多数制琴师和员工之间不存在真正意义上的师徒关系,他们之间也没有血缘关系,但经过一段时间的打工、学习,多数员工基本都能学会这门技艺,有的甚至达到独立门户单独制琴的程度。上述段廷俊、莫德乐图等人就是用这种方式学到马头琴制作技艺,并建立自己的制琴厂或公司的。潮尔/马头琴制作人巴特也曾去呼和浩特市民族乐器厂学过马头琴制作。他回忆当时的情况时说:"在那儿待了3个月。张纯华师傅也没亲自带我们,让他手下姓高的师傅带我们的,让高师傅领着我们干活儿。在那儿干活儿时我才明白马头琴的琴箱是怎么做的。我那时在乐器厂附近找了个小旅馆住,看完琴箱制作下班回旅馆后画图,那时也没照相机。"③虽然巴特没正式拜张

③潮尔/马头琴制作人巴特访谈.时间:2018年2月12日.地点:通辽市"馨家快捷宾馆"302室.

表 5-3 马头琴"制琴厂"规模比较

制作坊/制琴厂/公司等	创建人/制琴师	创建时间	地点	面积/米²	员工人数	年度制琴数量	采访时间
科右中旗蒙古族拉弦乐器制作传承基地	哈达	/	兴安盟白音胡硕镇	400	平时1人	500把以上	2016年7月30日
色登马头琴工作室	色登	2001年	呼和浩特市	/	都自己做	/	2017年3月26日
朝路民族乐器厂（内蒙古天韵民族乐器有限公司）	朝路	2008年注册	呼和浩特市	600~700	12人	（近几年）1000把以上	2017年4月8日
/	青格利	/	临河市	/	忙时雇2~3人	200~300把	2017年4月13日
/	巴彦岱	2006年	巴彦浩特镇	100多	有订单时从骏马乐器厂调工人	/	2017年4月15日
阿艺拉古民族乐器制作（厂）	却云敦	2012年注册	西乌旗巴拉嘎尔高勒镇	/	平时雇1~2人	/	2017年5月2日
音艺马头琴乐器厂	段廷俊	2000年左右	呼和浩特市	独院：三层楼（加地下室）	十几个	300~400把	2017年5月31日
内蒙古苏和的白马民族乐器有限公司	莫德乐图	/	呼和浩特市	500	/	2000~3000把	2017年5月3日
骏马乐器厂	布和	1994年	呼和浩特市	6亩地	16	/	2017年12月17日

纯华和高师傅为师，但以打工的方式学会了马头琴琴箱的制作，解决了自己之前的"音色不过关"的难题。值得注意的是，他在打工、学习过程中，通过画图记录等方式掌握了马头琴制作技艺。

据笔者调查，这种业缘传承方式在如今的蒙古国马头琴制作行业里也同样存在，如蒙古国著名马头琴制作人白嘎力扎布于 2017 年 10 月 23 日接受笔者采访时说："现在我的制琴厂里有 40 多名员工。"据了解，先后有数百人在白嘎力扎布制琴厂里打工过，其中也有后来独立建厂制琴的。蒙古国年轻马头琴制作人达瓦扎布就是师从白嘎力扎布，在他的厂子里制琴多年后，近几年才独立门户单独制琴的，现在在他的厂子里也有 5 名员工（包括他妻子在内）帮他制琴，表 5-4 是蒙古国的几家马头琴厂的规模比较。

表 5-4　蒙古国几家马头琴制琴厂的规模比较

厂子/公司名称	创建人	创建时间	地点	面积/米²	员工人数	年度制琴数量	采访时间
ЭГШИГЛЭН МАГНАИ ХХК	白嘎力扎布	1991 年	乌兰巴托市	大概 800	40 多	200 把	2017 年 10 月 23 日
МЭРГЭЖЛИЙН МОРИН ХУУРЫН УРЛАН	巴雅日赛罕	1997 年	乌兰巴托市	/	6	/	2017 年 10 月 28 日
/	达瓦道尔吉	2012 年	乌兰巴托市	700	5	/	2017 年 11 月 7 日

从家族传承、师徒传承到业缘传承，可以看得出马头琴制作技艺的传承方式正在发生变化，而这种传承方式的变化与马头琴制作的专业化及大批马头琴制琴厂或公司的出现有直接的关系。

除了家族传承、师徒传承和业缘传承，近些年又出现了一种新的马头琴制作技艺传承方式——现代教育传承。

据笔者了解，目前在内蒙古各高校和职业技术学校里设有马头琴制作技艺专业的并不多，只有少数学校在培养这方面的人才或开始招马头琴制作专业的学生，如科右中旗职业技术学校自 2015 年 9 月开设传统手工艺课程，将蒙古族拉弦乐器制作工艺设为选修课程，并由国家级传承人哈达授课。笔者在采访马头琴制作人哈达时，跟他学马头琴制作技艺的两名学生正在准备参加升学考试，所以那段时间一直没找他学马头琴制作，故笔者也未能拍摄、记录其教学过程。值得一提的是，内蒙古锡林郭勒职业学院齐·宝力高国际马头琴学院已开设马头琴制作专业并开始向全国招生

（图5-7、图5-8）。该学院在其2018年马头琴制作专业招生简章（以下简称"简章"）中说："针对目前文化市场的逐步繁荣以及马头琴艺术未来光明的发展趋势，马头琴制作工艺的传承及马头琴制作人才的培养拥有广阔的市场与发展前景。锡林郭勒职业学院齐·宝力高国际马头琴学院担当马头琴文化传承使命，积极顺应文化市场需求，为我国民族乐器制造的发展谋未来，特首创开设马头琴制作专业，在全国范围内招收、培养马头琴制作专业人才。配置我校最优质的教师及设备资源，由国内知名马头琴师传授技艺，致力培养出集马头琴设计、制作（包括琴弓制作）、改良、修复等精湛技艺与综合人文素养于一身的高素质综合型马头琴制作人才。"④简章中明确说，"首创开设马头琴制作专业"，并向全国范围内招收15名马头琴制作技艺专业学生，"应往届初中毕业生、未升学普通高中毕业生、退役士兵、青年农牧民、社会青年等均可报名"。该专业学制为3年制，主要设置的课程有"木工类、美工类、音乐类三大方面课程，具体包括：木工技术、美工技术、雕刻技术、漆艺、乐理与视唱、马头琴演奏、音色调校等"。这些资料表明在马头琴制作技艺的传承中已有了现代教育传承方式。

图5-7　齐·宝力高国际马头琴学院外景1　图5-8　齐·宝力高国际马头琴学院外景2

除了这种正规的校园教育传承外，近几年也出现了一些新的教育传承方式，即有关马头琴制作的宣讲、培训等，如前郭县自2015年开始，让传承人进校园或在社区开展不定期的技艺传授活动，确保非遗的传承和推广。据前郭县马头琴制作人白苏古郎介绍，他每年都去前郭县各蒙古族学校通

④"锡林郭勒职业学院齐·宝力高国际马头琴学院2018年马头琴制作专业招生简章".https://mp.weixin.qq.com/s/Chpzopq61yQabi-dO5Uj3A

过宣讲、讲课等方式传授马头琴制作技艺,让更多的孩子了解并传承这门技艺(图5-9、图5-10)。他说:"我是传承人,有义务和责任,我负责传承、培训和推广。我走遍了前郭县的蒙古族学校,甚至在前郭县以外的吉林省其他地区和黑龙江民族职业学院等地都培训和推广过马头琴制作技艺。制作和传承推广好比人的两条腿一样,缺一不可,我一直是这么做的。"⑤

图5-9 介绍马头琴结构　　　　图5-10 传授马头琴制作技艺
（白苏古郎 提供）　　　　　　（白苏古郎 提供）

除了"非遗进校园"活动外,前郭县还让传承人给社区学员进行免费辅导和培训,让更多的社区学员参与到这门技艺的传承工作中来,见图5-11至图5-13。对此,白苏古郎说:"社区学员来我这儿参加培训,制琴材料和费用都由我们负责。学得好、做得好就把琴作为奖励直接送给学员。这样学员可以用自己的琴练习,社区琴的磨损就会减少,这也算为当地做了一些事情。"

图5-11 社区马头琴制作培训班(白苏古郎 提供)

---

⑤马头琴制作人白苏古郎访谈.时间:2016年8月30日.地点:"郭尔罗斯马头琴厂".

图 5-12　给社区学员传授马头琴
制作技艺(白苏古郎　提供)

图 5-13　社区学员制作
马头琴(白苏古郎　提供)

　　近些年,科右中旗也重视非遗的"进社区、进校园"工作,并组织了蒙古族拉弦乐器制作技艺的培训班和制作技艺大赛等相关活动。科右中旗文化馆提供的一份资料表明,该旗于 2017 年 7 月 24 日至 30 日在西日道卜嘎查举办了"第 24 届农牧民蒙古族拉弦乐器制作技艺培训班",请国家级代表性传承人哈达给农牧民传授蒙古族拉弦乐器制作技艺,全旗共有 20 余名农牧民参加了此次培训,见图 5-14。

图 5-14　第 24 届农牧民蒙古族拉弦乐器制作技艺培训班
(包图雅　提供)

　　相比之下,这类培训更多的是流动性的、不定期的。按人员组织方式、传承人与学员关系等,可以把这类培训和推广视为现代教育传承的一种形

201

式,其在马头琴制作技艺传承中的作用也不容忽视。

随着网络技术的发展,近两年出现了以网上授课、讲解的方式传授马头琴制作技艺的现象,如内蒙古展览馆传统工艺研习坊在新冠疫情防控期间,以"让大家宅家防疫的同时,也能通过网络学习传统工艺"为目的,组织"传统工艺大课堂线上课程",并定期推送马头琴制作、剪纸等视频课程,供广大传统工艺、传统文化爱好者观看学习。该研习坊自 2020 年 2 月 9 日开始在"内蒙古展览馆信息平台"上推出由青年马头琴制作人莫德乐图讲解的几期视频课程。据该平台介绍,"传统工艺大课堂"是传统工艺研习坊常态化的社会教育活动,长期开设传统工艺体验课程。目前已有面塑、蛋雕、剪纸、布贴画、马头琴制作、书画、国画、插花艺术等 8 个项目,面向社会开放[6]。笔者认为,这种网络传授和学习方式为在当今网络时代推广、传承、振兴传统技艺的一种有效方式。从传播学的角度讲,网络传播中虽然传播者和受众不能面对面直接交流互动(只能通过媒介交流互动),但在传播速度、范围及受众数量等诸多方面有很多优势。在马头琴制作技艺的传承工作中也应充分利用网络技术等现代科技手段,使马头琴制作技艺的推广普及范围进一步扩大,让更多的人学习、了解、掌握这门技艺。

随着师徒传承、业缘传承、现代教育传承等传承方式的出现,在马头琴制作人队伍里出现了"专业制作人"和"民间制作人"等不同称谓。对此潮尔/马头琴制作人巴特说:"农村土木匠自己都能干(制作)。人家是自娱自乐,咱这是属于专业了。"[7]马头琴制作人布和也说:"马头琴制作人可以分为'民间(业余)'和'专业'两类。"[8]这表明马头琴制作技艺更加专业化了,其传承方式也正在发生变化。

总之,马头琴制作技艺的传承方式最初以口传心授式的民间自发性传承(家庭传承、师徒传承)为主,而如今又出现了业缘传承和有意识、有组织的现代教育传承等新型传承方式。这些新型传承方式将与传统的家庭传承、师徒传承等并存互补,为马头琴制作技艺的传承和发展起到不容忽视

---

⑥ https://mp.weixin.qq.com/s/Qxy1V21Hq9aEaSG_Xx–piw
⑦ 潮尔/马头琴制作人巴特访谈.时间:2018 年 2 月 12 日.地点:通辽市"馨家快捷宾馆"302 室.
⑧ 马头琴制作人布和访谈.时间:2017 年 12 月 17 日.地点:"骏马乐器"店.

的重要作用。

三、存在的问题及几点建议

从以上简单分析可以看出,通过各级政府和相关部门及传承人和学术界的共同努力, 马头琴制作技艺的保护和传承工作取得了一定的成果,但这并不代表在这项工作中不存在问题或有待加强之处。

下面是部分马头琴制作人和演奏家对此问题的看法,见表5-5。

表 5-5 制琴师和演奏家眼中的"存在的问题"

人物	存在的问题	访谈时间
巴特	做乐器的人要会拉琴,不然感觉不一样。现在很多人……10个人做琴可能8个人都不会(拉琴)。但作为做乐器的人来讲,这是一个很大的缺陷	2018年2月12日
段廷俊	没有乐队化……(音色)没有层次感,这是一个最大的弱点。制琴的目的是挣钱。……现在做乱了,没人管!……全世界做提琴都定位,不敢乱做,但是马头琴制作……比较乱!做的琴没有声音(音色不好)……我是会玩琴的制琴人,我不是木匠出身,我是追求音色的	2017年5月31日
齐·宝力高	现在的很多制琴人以前都不是做琴的,都是为了挣钱,根本没有真正研究制作的	2017年1月11日
色登	做的琴很多都是垃圾琴,浪费资源。很多厂子里的(员工)什么技艺都没有。给的是绩效工资,人家为了多挣点钱,不给你用心做	2017年3月26日
白嘎力扎布	牧区年轻人比较稳定,城市的年轻人做几天就走的多	2017年10月23日
朝路	对高科技、流行的东西感兴趣,不注意这些东西了。也有半道放弃的人。主要跟那些人的性格有关系,一些人就没那么有耐心	2017年4月8日
却云敦	现在的年轻人不坚持,做几天找借口回家就不再来了。一是嫌脏,二是也不能马上挣到钱	2017年5月2日
巴彦岱	随着科技发展,真正的非遗就没有了,这是个大事。不要扔了原生态……那样非遗就没有了	2017年4月15日

从表5-5可以看出,当今马头琴制作中存在"制琴人自己不会拉琴""只为挣钱不用心做""年轻人对马头琴制作不太感兴趣""传统的手工技艺正在消失"等很多具体问题。其中,制琴人的培养和传统手工技艺的保护等

问题都应得到足够的重视。

笔者认为,在以往马头琴制作技艺的保护与传承工作中,主要存在以下几个方面的问题:

(一)保护力度和范围问题

虽说国内马头琴制作技艺的政策性保护和资料性保护工作已取得一些成果,但笔者觉得保护力度还有待加大。

1.应加强政策性保护力度

众所周知,现代化和经济全球化给人类创造了巨大经济利益的同时,也给不同国家、地区和民族的传统文化带来了不同程度的冲击,甚至给人口较少的一些国家或民族的传统文化带来了"生存危机"。这些"濒危非遗"的抢救、保护工作迫在眉睫。在国内,马头琴制作技艺属于少数民族非物质文化遗产,具有一种"边缘文化"的特点。所以从国家层面更应该加强对这类"弱势文化"[6]的保护力度,可制定一些特殊政策或采取不同的措施将其保护好,让其独特的价值内涵得到充分展示,进而为人类文明的进步贡献更多的智慧和路径。

2.要做好资料性保护工作

对于传统技艺的保护工作来说,资料性保护工作至关重要。华觉明先生在谈及资料性保护时也曾说:"通过系统地收集整理文献资料、征集实物,采访调查,以笔录、摄影、录音、录像等方式,尽可能完整和详尽地占有和记录有关的信息与资料、建立档案和数据库并妥为保存。这是所有列入国家级、省级和市、县级传统手工技艺名录的项目所必须达成的基础性的工作。"[4]要保护和传承好马头琴制作技艺,需要先把基础性的工作做好。从目前的国内马头琴制作技艺的资料性保护工作情况来看,现存技艺的调查、记录及相关文献史料的搜集、整理等方面还需要做很多工作。政府和相关部门应组织专家学者展开文献研究,与此同时,组织专家学者和传承人及有关工作人员,系统、科学地调查和记录这门技艺,使这门技艺更完好地保存和传承下来。在具体的记录、保存、保护工作中,除了文字形式记录、保存外,还要充分利用现代高科技手段,以录音、录像等多种方式完整地记录和保存马头琴制作技艺及相关文化,以出版书籍和建立数据库等方式将其保存和推广。

3.需要重视整体性保护问题

国内目前的马头琴制作技艺调查、记录、保存工作可以说还停留在个别制作人的制作技艺上,缺少不同地区、不同制作人制作技艺的整体调查和记录。不仅如此,以往的调查、记录工作主要集中在现代木面马头琴制作技艺的调查、记录和保存上,而在很大程度上忽略了传统皮面马头琴的制作技艺。

刘德伟在《传统民间手工艺的整体性保护》一文中指出:"当今民间传统手工艺在发展中面临着手工技艺传承与现代科学技术应用之间、艺术个性化创作与产业化发展之间的两大难题。"[5]当今国内马头琴制作技艺的发展同样面临着这两种问题。从民间艺人的自制自用和家庭手工作坊式制作到现代工厂批量生产这一发展趋势能看出,马头琴制作正向机械化、产业化制作过渡。由于这种机器化制作有"解放了生产力、提高了生产效率、降低了生产成本、扩大了生产效益"[7]等诸多优势,所以在当今的马头琴制作中,机械化制作已成了一种"不可回溯的潮流"。对于这种现象,华觉明先生也曾说:"手工技艺特别是其中的生产技术之为现代技术所取代,乃是历史的必然。"[4]既然是"历史的必然",那么传统的"手工技艺"更应该得到保护,而国内马头琴制作技艺的保护工作在很大程度上忽略了传统皮面马头琴的手工制作技艺。"随着科技发展,真正的'非遗'就没有了"——马头琴制作人巴彦岱的担忧也说明了这一点。

机械化、产业化制作这种富有时代特征的制作方式的确给人们带来了很多实际利益,同时使马头琴制作技艺有了新的特点和生命力。但机械化制作也有自己的缺陷或不及手工制作的一面,对此,《马头琴制作工艺的田野调查——以布和的马头琴制作工艺为例》一文分析说:"制作者逐渐失掉了其制作一件艺术品的那种感受,而其现代化的制作工艺也失掉了其可能作为一件独立的艺术品而存在的可能。两者在情感上正在被一种工业的生产方式所分离","技艺所带来的感动终将被成本和利益攫取所瓦解。"[8]吉林省省级马头琴制作技艺传承人白苏古郎在接受笔者采访时也说:"用机器制作好是好,但做出来的琴千篇一律,没什么差别。我们手工雕刻出来的每把琴都有自己的特点、生命和灵魂,这一点机器没法做到。我传承的是技艺,如果我用机器做的话,把技艺就丢了,丢到我这儿(就没办法传承)了。"⑨笔者认为,马头琴传统的手工制作技艺作为一种非物质文化和技术遗产理应得到充分的保护。

当今各级政府和有关部门命名很多非物质文化遗产代表性传承人,给他们创造政策支持和资金帮助等有利条件,使他们在非物质文化遗产的保护和传承中发挥更好的作用,这无疑是件好事。但笔者通过调查发现,多数马头琴制作技艺传承人都把政府拨给的钱用在机械设备的更新或材料购买上,而很少有人利用这些资金进行真正的保护和传承传统皮面马头琴的手工制作技艺。这一现象说明不是命名了一些传承人,给他们一些资助、创造有利条件他们就能整体、有效地保护和传承这门技艺。这里需要明确"要保护和传承什么""怎么保护和传承"等一系列问题,并且还需要让传承人知道这些问题。

现在找到一把传统皮面马头琴并不难,也有不少老一辈的艺术家依然喜欢拉传统皮面马头琴,认为它最适合给蒙古族长调民歌伴奏。但如今会用或者愿意用纯手工制作传统皮面马头琴的人越来越少了,接受笔者采访的孟斯仁和特木齐等老一辈制琴人现在都不愿意手工制作马头琴,说那样"费时间,太累"。所以,应抓紧保护这种"濒危"技艺及其多样性,在此基础上可做进一步的记忆性保护和扶持性保护等工作。所幸的是,我们目前还能找到会手工制作传统皮面马头琴的人,所以要完整地"保存"并"展示和弘扬"这门传统的手工技艺还是有可能的。

(二)传承方式的多样化和传承人的培养

1.传承方式的多样化

随着现代化、城市化的步伐不断加快,不仅出现了现代木面马头琴,在马头琴制作中也出现了机械化制作等现象,这些使马头琴制作技艺更加丰

---

⑨马头琴制作人白苏古郎访谈.时间:2016年8月30日.地点:"郭尔罗斯马头琴厂".

富和多样化。笔者认为,在这种现代化语境下更有效地传承马头琴制作技艺不能只靠传统的传承方式,应充分利用和发挥各种传承方式的优势,多措并举助力传承。

如上文分析,师徒传承、家族传承等传统的传承方式在当今的马头琴制作技艺传承中依然很常见并起着重要的作用。与此相比,马头琴制作技艺的现代教育传承显得相对薄弱,至今只有齐·宝力高国际马头琴学院等少数院校开设了马头琴制作专业,而且这些院校也是近两年才开始正式招生的。因此,我们应该重视马头琴制作技艺的现代教育传承问题,通过现代教育方式培养出业务能力和综合素质更高的新一代的制琴人。

当然,每一种传承方式都有其优点和缺陷,如家族传承、师徒传承中更多的是"师"和"徒"面对面的互动交流,在具体的实践中传授技艺,所以被认为是"我国传统手工技艺行之久远且极为有效的传承机制"[4]。但它也有"过度的技术保密,封闭式的陈陈相因、经常发生的人亡艺绝等弊病"[4]。现代教育传承则是一种比较抽象化、理论化的传承方式,它也有很多自身的优势。但相比之下,现代教育传承是一种脱离民俗文化语境的传承方式,难免会有一些自己的缺陷。因此,应该充分发挥这些传承方式各自的优点,让它们并存互补,这对于马头琴制作技艺的保护和持续发展是大有好处的。

2.传承人的培养

在目前国内马头琴制作技艺的传承工作中,应该加强传承人的培养工作。这项工作包括马头琴制作人的综合素质和业务能力的提高,以及新一代制作人的培养这两个方面的内容。

马头琴制作技艺的传承人不仅包括各级政府和文化部门命名的代表性传承人,也包括其他马头琴制作技艺传者——制琴人。这些传承人中有专业制琴师,也有业余制作人,其制作理念、水平和风格等各不相同。要更有效地传承马头琴制作技艺就需要提高这一群体的综合素质和业务能力。"现在不少制琴人都不会拉琴""有些人只为挣钱而做琴"等现象的出现,说明制琴人群体的整体素质有待提高。在"只为挣钱"这种制作动因的驱使下做出来的琴在质量和工艺方面难免会出现一些问题,这也不利于马头琴制作技艺的有效传承。

　　提高马头琴制作人的综合素质和业务能力,可采取集中培训、学习交流等不同措施。近些年在各级政府及相关部门的重视和支持下,有关马头琴制作技艺的培训班等逐渐多了起来。由内蒙古自治区文化厅主办、内蒙古农业大学承办的 2016 年内蒙古自治区"蒙古族拉弦乐器制作技艺"项目培训班便是一个例子。该培训班以"相关专家学者的理论讲解""传承人的经验传授""制琴人的具体制作"等内容为主,从 2016 年 8 月 25 日至 9 月 15 日,共持续了 20 天。来自内蒙古自治区首府呼和浩特市及各盟市、旗县的 30 余名拉弦乐器制作人参加了此次培训。此类培训为提高蒙古族拉弦乐器制作人的理论修养和业务能力方面都将起到一定的积极作用。

　　加强马头琴制作人之间的学习交流,可以采取鼓励个体之间的交流互动行为和组织大型的学习交流活动等不同措施。据相关报道,世界马头琴联盟和乌兰巴托市文艺局"为了让更多人了解作为世界非物质文化遗产的马头琴艺术",自 2008 年开始,已联合举办了 6 届"国际马头琴艺术节",每两年举行一次,主要有"业余组和专业组马头琴演奏比赛""马头琴制作艺术交流""著名马头琴艺术家专场音乐会""马头琴艺术学术研讨会"等内容。其中,"马头琴制作艺术交流"活动在国内马头琴制作人中有一定的影响力,接受笔者采访的国内马头琴制作人中,也有人曾参加过这个交流活动。对于国内马头琴制作人来说,保护好自己的制作特点和传统,同时应多参加此类大型交流活动,学习其他国家和地区的马头琴制作经验,取长补短,从而提高自己的制琴水平很重要。据笔者了解,国内这类大型的马头琴制作技艺交流活动并不多,应多组织这类交流活动或比赛等,为马头琴制作人创造更多的学习交流机会和平台。

　　在传承人的培养工作中,年轻一代制作人的培养尤为重要。随着全球化、现代化、城市化的步伐加快,以及外来文化的冲击,年轻人的兴趣爱好、价值观等均在发生很大的变化。正如表 5-5 所示,在当今的马头琴制作行业中也出现了"年轻人对马头琴制作不太感兴趣"的现象,如"对高科技、流行的东西感兴趣,对传统技艺不感兴趣""牧区年轻人比较稳定,城市的年轻人做几天就走的多""现在年轻人不坚持, 做几天找借口回家就不再来了。一是嫌脏,二是也不能马上挣钱"等。因此,政府和相关部门应该采取一些措施培养年轻人的兴趣,让更多的年轻人参与到马头琴制作技艺的传承事业中,让马头琴制作技艺的传承工作有所保障,后继有人。

(三)宣传力度和理论研究有待加强

联合国教科文组织于 2003 年 10 月通过《保护非物质文化遗产公约》,旨在保护以口头表述、节庆礼仪、手工技能、传统音乐、传统舞蹈等为代表的非物质文化遗产。这里的"保护"包括"确认、立档、研究、保存、保护、宣传、弘扬、传承(特别是通过正规和非正规教育)和振兴"等在内的"确保非物质文化遗产生命力的各种措施"。

相比"确认""立档"等工作,马头琴制作技艺的理论研究和宣传推广工作还有待加强。通过宣传可以普及非遗知识,帮助人们提高对非遗价值的认识,这有利于让更多的人参与非遗的保护和传承工作。理论研究能指导和引领实践,其在非遗保护和传承中的作用更不容忽视。

1.宣传力度有待加强

于 2019 年 8 月在内蒙古呼和浩特市举行的"首届中国·内蒙古马头琴艺术节"特设了"马头琴制作艺术精品展览"活动。据展览主办方介绍,此次活动主题为"传承、交流、合作、创新",目的是通过汇聚全国马头琴制作领先企业、前沿专家、权威机构与收藏爱好者,来"展示和推广马头琴制作工艺,创造制作工艺交流的平台,共同探讨民族乐器制造业新图景","全力推进本土民族乐器产业间的高端交流、多样化与高质量发展"。展览期间有一系列"马头琴工艺评比活动"。有报道称"此次入展的 21 家厂商,是全国最先进的马头琴制作企业及团队机构。200 多件马头琴、潮尔等乐器展品展示了全国顶尖马头琴制作师的精巧技艺和艺术水平。从共鸣箱材质的合成到琴头精湛的雕刻,他们在不同层面展示了马头琴精良的制作工艺"[10]。虽然本次展览以成品(或半成品)展为主,但相信在马头琴制作技艺的"展示和推广"及制作工艺的交流层面也起到了一定的积极作用。

---

[10] https://mp.weixin.qq.com/s?__biz=MzIzODAwMjY2MA==&mid=2651685766&idx=1&sn=af9f47
d321ab8ed9cd1bc3c2982432fc&chksm

"首届中国·内蒙古马头琴艺术节"是由内蒙古自治区党委宣传部、内蒙古自治区文化和旅游厅、内蒙古艺术学院共同主办，内蒙古艺术学院音乐学院等单位承办的活动。显然这是由政府和相关单位及高校合作主办的与马头琴制作技艺的宣传推广有关的活动。作为首届全国性的马头琴艺术节，这次活动意义重大。除了这种官方组织的大型活动外，一些电视台、网站、微信公众号和展览馆、博物馆也曾在某种程度上宣传、展览、推广过马头琴制作技艺，如北京卫视在 2018 年 3 月 17 日晚播出的《非凡匠心》节目中，讲述了朴树和海清一起拜访马头琴大师齐·宝力高的故事，其间也简单展示了马头琴制作人朝路的制作技艺⑪。此外，也有一些马头琴制作人通过参加各类展览或利用微信公众号等展示、宣传、推广自己的马头琴制作技艺。当然，这类个体性宣传、展示也暗含了一些自我宣传包装、商品推销等商业目的。

笔者认为，在马头琴制作技艺的宣传、推广工作中，应加强政府和相关部门统一组织的宣传、普及工作，政府做统一规划，学界做理论指导，探索更有效的宣传模式来提升马头琴制作技艺的宣传、推广工作效率。同时对零散的、个体性的宣传、普及行为进行指导，加强对其管理和服务的力度，让马头琴制作技艺更有效、更完好地传承下去。

2.需要加强理论研究

目前，国内马头琴制作技艺研究尚处于起始阶段，马头琴制作技艺的系统调查和专题研究成果并不多，从保护和传承的角度进行研究的成果更是少之又少。

在今后的工作中需要加强系统的调查、记录工作，通过整理出版书籍和建立数据库等方式保存、普及、传承马头琴制作技艺，同时也需要加强相关文献史料的梳理及制作技艺的保护和传承策略研究。应加强年轻一代科研人才的培养，并建立政府、制琴人和学界合作的工作模式，让理论引领实践，让马头琴制作技艺的保护与传承工作更加的理性化、科学化。

综上所述，在以往的马头琴制作技艺保护和传承工作中还存在一些问题，要解决这些问题，需要政府、制作人、学者和社会各界的合作。相信通过

---

⑪https://mp.weixin.qq.com/s?__biz=MzIyNjc3NjM3NA==&mid=2247489371&idx=1&sn=bd5d0999562ad0b502fbebb5e365eda5&chksm

各方的努力,马头琴制作技艺的保护和传承中存在的各种问题会逐步被发现并得到有效解决。

　　只有在保护和传承的基础上,这门技艺才会有振兴的可能。国内马头琴制作技艺的保护和传承工作与其他非遗的保护、传承工作有所不同,可以说起步时间较晚,有待发现和解决的问题较多,所以本文暂未讨论马头琴制作技艺的振兴问题。目前国内马头琴还没有行业标准和国家标准,所以才出现有些制琴人所说的"没人管""乱做"等现象。仅这一点也能说明马头琴制作技艺的振兴还需要走较长的路,像小提琴制作工艺那样成熟甚至普及到全世界还需要我们做更多的努力。

第二节
马头琴制作技艺相关文化的保护与传承

　　《传统民间手工艺的整体性保护》一文说:"民间工艺品大都与民间传说和民俗世相有关,表现内容和手法与生产生活、传统节日、传统宗教和民俗活动密切相关。"[5]传统马头琴的制作跟蒙古族人民生产、生活有直接关系,其中还包含很多相关传说、习俗和禁忌等文化要素。而随着马头琴制作的产业化、机械化,这些相关文化正在从马头琴制作过程中消失。笔者认为,在马头琴制作技艺的保护和传承中,尤其在传统手工制作技艺的保护和传承中,需要加强相关文化的保护和传承工作,因为这些是传统手工制作技艺赖以生存和传承的社会文化背景因素。

　　下面简单谈一谈与马头琴制作技艺相关的神话、传说和习俗等的保护与传承问题。

一、相关神话和传说的保护与传承

　　正如本书第一章所介绍,在不少马头琴起源神话和传说中,都对"第一把"马头琴的形制、结构、用料和制作做过简单描述。虽然这些神话、传说属于虚构类文学范畴,很难拿它作为科学依据,但它也代表关于马头琴起源问题的民间解释,对此进行全盘否定起码不是很科学的态度。从文化学的角度来讲,这类民间神话和传说更应该得到保护和传承。

有关马头琴起源的神话、传说,代表性的有《苏和的白马》《呼和那木吉拉的传说》《星星王子和牧羊姑娘的传说》《左撇子琴师的故事》《龙头勺子琴传说》等。此类神话、传说对与马头琴制作相关的一些文化现象也做过解释,如"传统马头琴的琴头为什么是绿色的"等(在第一章已有阐述,故在此不再赘述)。众所周知,琴头的颜色对于音色、音质几乎没有直接影响,那么人们为什么喜欢制作绿色琴头的马头琴呢? 从科学的角度很难回答这一问题,但这些在神话、传说中却有答案。

人们在此类神话、传说的搜集、整理、出版、研究等方面做了不少工作。其中有些传说如今依然以口口相传的形式流传在民间,有些则主要借助文字形式流传至今。

《苏和的白马》在这些神话和传说中可谓流传范围最广的一则。对于民间文学作品来说,主要传承方式有两种,一是口头传承,二是文字传承。而《苏和的白马》不仅以口头的方式传承到现在,还以不同的文字形式流传到蒙古族聚居地乃至全国和全世界多个国家。据相关介绍,这则传说先后被译成汉文、日文、英文等多种文字,甚至曾一度被选入日本小学教科书。后来又出现了漫画、动漫和马头琴曲子等形式的《苏和的白马》。相比之下,《龙头勺子琴传说》《星星王子和牧羊姑娘的传说》《左撇子琴师的故事》等传说(或神话)的传播范围不是很广,其保护和传承工作也有待加强。

这些神话、传说对于全面了解马头琴起源与形制结构、用料、制作技艺,甚至蒙古族人民精神生活等具有一定的参考价值。应当以《苏和的白马》等传说的传承、传播为例,加强此类神话、传说的整体保护和传承、传播工作。

二、相关习俗的保护和传承

随着机械化制作的出现,很多传统手工制作技艺逐渐被人们所遗弃,与传统手工制作技艺相关的习俗也正面临失传危机。

据相关文献记载和笔者田野调查资料来看,民间手工制作马头琴曾有很多相关习俗和讲究,如选用山阴自然干燥的木料来制琴,选择良辰吉日开始制琴工作,制作前后进行相关仪式,制作和使用时注意相关的禁忌,等等。

关于选择良辰吉日开始制琴的习俗,马头琴制作人孟斯仁说:"事先选好良辰吉日,我一般选午日或寅日开始制作。"[12]著名马头琴演奏家齐·宝力高接受采访时也说:"马头琴的音色跟做琴的时间有直接的关系。最好在上午做,上午制成的琴声音一般都好。下午做的就不行,同一个厂子、同一台机器制作的也不一样。"[13]此类说法有没有科学依据还有待考证,但作为有关马头琴制作的一种认识或经验应得到有效保护和充分研究。

《马头琴典籍》一书中对马头琴制作相关的习俗和禁忌等做过较为详细的描述:

(一)选材:选择制作马头琴琴头和琴身的木材,一定要寻找生长在森林中太阳首先照耀之处木头。而且要选择吉日良辰,并敬献鲜奶和哈达才能进行砍伐。

(二)琴头制作:……雕刻马头时,心里一定要向佛祖的绿骏马不断祈祷。同时还要向背负珍宝的神马;幸福安康的八骏马进行祈祷,这样才能雕刻出活灵活现的马头来。因为琴头是宝中之宝,所以雕刻完成之后必须敬献哈达。……雕刻前要在牛粪火上烘烤木头,进行洁净礼仪。绝对不能用碰过脚面的刀子进行雕刻。雕刻马头所剩的木屑等一律不能乱扔,必须投进火堆焚烧,以示感谢苍天的恩赐。

(三)琴箱(共鸣箱)的制作:"虽然任何动物的皮都可以制作马头琴的音箱,但最好是揉(鞣——笔者)熟好的山羊皮和狍子皮。因为山羊和狍子用头顶上的犄角与天地交流,觅食植物的果实和枝叶,所以凝聚着大地的灵气。"……最后一道蒙覆皮面的工艺,必须在晴空万里的好天气里进行,让清晨清新的空气流进音箱,才能让乐器发出最清澈的声音。

(四)马尾丝的选择和清洗、加工:选择骏马的马尾丝制作琴弦,因为琴

---

[12]马头琴制作人孟斯仁访谈.时间:2017 年 5 月 12 日.地点:孟斯仁家.
[13]著名马头琴演奏家齐·宝力高访谈.时间:2017 年 1 月 11 日.地点:齐·宝力高北京家里.

弦上附有骏马的灵魂。马尾丝取自善于嘶鸣的骏马,琴弦发出的声音才会好听。……马头琴上的三股马尾丝——粗弦、细弦和弓毛……从三股弦上所发出的声音,分别代表着人声、天籁和佛音。三股马尾丝弦共同摩擦,所产生的和谐共鸣具有穿越时空、沟通人神、连接天地的奇异功能。蒙古人认为,自己所赖以生存的草原世界,全部包含在马头琴的三股弦里……[9]60-61

在马头琴制成之后,也会举行一些相关的仪式,如"先将马头琴挂在外面,让天上的清风演奏之。再将其竖立在路上,让地神演奏之。完成上述步骤之后,主人将马头琴'请回'到蒙古包里。首先,将马头琴摆在家里的佛案上,让神灵净化之。其次,还要在家里的炉火上反复烘烤,让威猛的火神净化之。最后,主人双手举起马头琴,向着顺时针方(向——笔者)轻轻绕上三圈。至此,仪式宣告完成,主人可以演奏自己的新马头琴"[9]61 等。这些民俗资料足以证明蒙古人对于马头琴这种乐器的崇敬心理。其中一些习俗不仅含有宗教信仰内容,从科学的角度也可以得到很好的解释。如,用牛粪火烘烤进行"洁净",让清风吹拂马头琴等习俗,不仅含有对自然、神仙、火的崇拜心理,这些仪式本身也有干燥木料的效果。所以机械化制作正取代手工制作的今天,这些与马头琴制作有关的民俗资料也应得到充分的保护和传承,因为它不仅是民俗文化资料,也是富有经验、知识内涵的科技资料。

与马头琴制作技艺相关的民俗文化富有地域性和多样性等特点,因此在其保护工作中需要注意整体保护。

笔者在田野调查工作中发现,有制作人认为,"现在没有现代意义上的马头琴制作学校。马头琴制作技艺一直是以师徒传承、父子传承方式传承的,所以没有被遗弃的东西"。显然这一观点缺乏全面的认识,因为在当今马头琴制作技艺的传承中,虽然父子传承、师徒传承等传统的传承方式依然起着重要的作用,但业缘传承和现代教育传承等新型传承方式也在不断出现。在机械化、产业化生产中孕育的业缘传承和抽象化、理论化的现代教育传承中,传统的手工制作技艺及其相关文化因素还是在很大程度上被忽略和遗弃了。因此,政府和相关部门及社会各界应充分重视马头琴制作技艺及相关文化的整体保护与有效传承工作。

参 考 文 献

［1］［蒙古国］格·巴达拉夫.蒙古乐器史(蒙古文版)［M］.乌兰巴托:科学、高等院学术出版公司,1960:23.

［2］转引自柯沁夫.马头琴源流考［J］.内蒙古大学学报(人文社会科学版),2001(1):69-75.

［3］李技文.我国非物质文化遗产保护与传承的方式及策略研究评述［J］.信阳师范学院学报(哲学社会科学版),2017(3):110-115.

［4］华觉明.传统手工技艺保护、传承和振兴的探讨［J］.广西民族大学学报(自然科学版),2007(1):6-10.

［5］刘德伟.传统民间手工艺的整体性保护［J］.民间文化论坛,2011(5):63-67.

［6］张劲盛.中蒙两国马头琴音乐文化交流史与现状调查分析［J］.音乐传播,2014(3):103-111.

［7］夏继红.浅谈机械化生产取代人工生产的利弊［G］// 北京中外软信息技术研究院.2015第一届世纪之星创新教育论坛论文集.北京,2015.

［8］李旭东,乌日嘎,黄隽瑾.马头琴制作工艺的田野调查——以布和的马头琴制作工艺为例［J］.内蒙古大学艺术学院学报,2015(3):44-52.

［9］转引自通拉嘎.蒙古族非物质文化遗产研究——马头琴及其文化变迁［D］.北京:中央民族大学,2010.

结　语

马头琴是适应蒙古高原自然环境、气候条件和蒙古族人民的生产生活、精神文化而诞生的一种两弦弓弦乐器。马头琴深受蒙古人民的喜爱，被称为"乐器之王"。在漫长的历史岁月中，马头琴的形制结构、尺寸比例、用料、制作技艺及其相关文化等都发生了很多变化，而这种变化在某种程度上也反映了蒙古族传统文化的变迁历程。

传统皮面马头琴通常以皮料蒙面，以马尾丝做琴弦，多为民间艺人就地取材，自制自用。所以其形制结构、尺寸比例和用料等多种多样，没有统一的规格和标准。相比之下，传统皮面马头琴音色比较"浑厚、柔和"，特别适合给蒙古族长调民歌等传统音乐伴奏，甚至被人称作"物化的长调民歌"。笔者在田野调查中了解到，著名马头琴演奏家齐·宝力高、达日玛和国家级非物质文化遗产项目——蒙古族长调民歌代表性传承人巴达玛及其他不少马头琴制作人都认为，传统皮面马头琴的声音比现代木面马头琴的声音要好听，更适合给蒙古族传统长调民歌伴奏。对此，青年马头琴制作人却云敦也说："木面马头琴不适合给蒙古长调民歌伴奏。同样，传统皮面马头琴也不适合演奏《万马奔腾》等曲子，那个'味道'不对。"遗憾的是，随着现代木面马头琴的普及，如今很少有人用传统的纯手工制作方式制作这类皮面马头琴。虽然现在不少年轻一代的马头琴制作人也以机械化的制作方式制作皮面马头琴，但几乎都不敢多做，因为做多了怕"没人要"。这证明在现代化、城市化、舞台化的语境下，这类传统皮面马头琴正逐渐被淘汰。其制作技艺和相关民俗习惯、禁忌等也正被人们所遗弃或淡忘。所以，当今马头琴制作技艺的保护和传承工作应更加重视传统皮面马头琴的手工制作技艺。

国内和蒙古国自20世纪五六十年代开始，都对马头琴进行了有计划、有组织的"全方位"的改革。国内这一次大规模的马头琴改革受到时任国家和内蒙古自治区领导及相关部门的高度重视和支持,在政府部门和相关行业人士的共同努力下取得了"重大成功"。而蒙古国当时马头琴改革更多的是在苏联一位提琴制作师和蒙古国马头琴行业人士的共同努力下完成的。虽然改革的时间、参与者和具体的改革过程等有所不同,但经过这一次改革,在马头琴界出现了现代木面马头琴,并已成了当今马头琴的主流。经过之后的中国和蒙古国马头琴界的相互交流、学习,如今中国和蒙古国的马头琴音乐文化和制作技艺等都有了更多的共同点。现代木面马头琴的研制无疑给马头琴这类民族乐器带来了新的生命和机遇。新型木面马头琴在音质、音色、演奏技巧等方面与传统皮面马头琴有明显不同之处,如声音更响亮、清脆,而且定位明确,有高音琴、中音琴、低音琴等各种类型的琴。总之,如今马头琴已从民间的独奏乐器转变为可以合奏的"具有现代属性"的专业乐器,从蒙古包走向了世界舞台。马头琴演奏大师齐·宝力高组建的"野马马头琴乐团"在维也纳金色大厅的演出和创造了吉尼斯世界纪录的吉林省前郭县2 008名马头琴手的齐奏等,都是用这种现代木面马头琴来完成的。

现代木面马头琴和传统皮面马头琴在形制结构、尺寸比例、用料和制作技艺等方面有很多不同之处。比起传统皮面马头琴的手工制作,现代木面马头琴的制作呈现出明显的产业化、机械化等特点。其制作技艺的传承中除了家族传承、师徒传承等传统传承方式外,也有了业缘传承、现代教育传承等新型传承方式。值得注意的是,人们对马头琴的改革、探索至今未停止,现代木面马头琴从诞生至今,其形制结构、尺寸比例、用料和制作技艺等同样发生了很多变化。因此,也需要用历史发展的眼光来看待现代木面马头琴制作技艺问题。对不同时期、不同地域、不同制作人的制作技艺等需要进行整体性的保护。此外,进入21世纪后,在马头琴界也出现过"电声马头琴"等新型马头琴。作为马头琴发展史上的一种现象,这类"电声马头琴"的制作技艺和原理等也需要被记录、保存和研究。

马头琴制作技艺的历史悠久,在不同年代有不同的表现手法和内容特点,但至今仍无一人很清晰地勾勒出其历史发展脉络,显然我们还缺少对马头琴制作技艺更深入的、更全面的了解。在马头琴起源问题上,虽然"火不思说"和"叶克勒说"等推测均有一定的影响力,但大部分推测还缺少有力的文献史料证据。这种专记史料的稀缺使马头琴起源和马头琴制作技艺的演变研究陷入了困境。在缺少这方面的有力证据的情况下,本书重点研究了清末以后的马头琴制作技艺及其演变问题。经研究,笔者深刻体会到厘清马头琴制作技艺历史发展脉络的工作依然任重而道远。

"保护手艺是一项利在当代、功在千秋的事业。"(华觉明)回顾以往的马头琴制作技艺及相关文化的保护和传承工作,我们不难发现,在一些领域已取得了很不错的成绩。如在传承人的培养方面,各级政府和相关部门不断命名马头琴制作技艺代表性传承人,通过提供政策保障和资金支持等多种方式给他们创造有利条件,使他们可以更好地传承发展这门技艺。据笔者调查,目前在内蒙古有一位蒙古族拉弦乐器制作技艺国家级代表性传承人,即兴安盟科尔沁右翼中旗马头琴制作人哈达。此外,还有吐门乌力吉、胡庆海、巴彦岱、乌力吉、胡努斯图等多名自治区级代表性传承人。近些年,有关部门也通过举办马头琴制作人培训班等形式,给马头琴制作人创造互相学习、交流的机会和平台。这种制作人的保护和培养措施对马头琴制作技艺的保护和传承非常重要,因为对于传统工艺的传承来说,"艺人的传承是最重要和最具实质性的"。此外,在马头琴制作技艺的资料性保护等方面,前人也做过不少工作,为马头琴制作技艺的保护、保存和后人的研究提供了一些宝贵的资料。但在当今马头琴制作技艺的保护和传承工作中依然存在不少有待提高之处,如在保护力度、保护范围、传承方式及传承人的业务能力和综合素质的提高等方面仍需要做不少工作,相关部门应足够重视并有效解决这些问题。

潮尔/马头琴制作人巴特接受采访时曾说:"我现在重点制作的是马头琴,但研究重点还是潮尔,因为马头琴(的制作技艺)已过关了。"显然这是相对而言的。马头琴制作技艺相比潮尔制作技艺可能成熟些,但比起小提琴等的制作技艺来说还明显不够成熟。马头琴目前还没有行业标准和国家标准,这足以说明马头琴及其制作技艺在标准化方面远不及其他乐器。回顾以往的马头琴制作技艺研究,不难发现对马头琴制作背后的技术原理进行深度探讨的文章并不多,这也许在说明我们对马头琴工艺原理的科学认识还不够。此外,我们对马头琴的声学原理、用料的声学性能及制作和运用中的声学知识等的认识还远远不够。由于所学专业和时间限制,本书未能对马头琴工艺原理进行进一步的探究,也未能对马头琴及其用料做声学测试和分析,在日后研究中将力争填补这一点。

笔者才疏学浅,加上时间有限,拙作中错误和缺点在所难免,诚望方家不吝赐教,在此表示感谢!

参 考 文 献

一、图书

1 ［日本］鳥居きみ子.土俗學上より觀たる蒙古［M］.東京:大鐙閣,昭和二年(1927年).

2 ［蒙古国］格·巴达拉夫.蒙古乐器史［M］.乌兰巴托:科学、高等院学术出版公司, 1960.

3 ［日本］林谦三.东亚乐器考［M］.钱稻孙,译.北京:人民音乐出版社,1962.

4 宋濂等.元史·礼乐志［M］.北京:中华书局,1976.

5 杨荫浏.中国古代音乐史稿(上、下)［M］.北京:人民音乐出版社,1981.

6 乌兰杰.蒙古族古代音乐舞蹈初探［M］.呼和浩特:内蒙古人民出版社,1985.

7 中央民族学院少数民族文艺研究所.中国少数民族乐器志［M］.北京:新世界出版 社,1987.

8 道尔加拉,周吉.叶克勒曲选［M］.乌鲁木齐:新疆人民出版社,1990.

9 呼格吉乐图.蒙古族音乐史(蒙古文版)［M］.沈阳:辽宁民族出版社,1997.

10 莫尔吉夫,道尔加拉,巴音吉尔格勒.蒙古族音乐研究(蒙古文版)［M］.乌鲁木 齐:新疆人民出版社,1997.

11 ［蒙古国］Жамцын Бадраа.Монгол ардын Хөгжим ［M］.乌兰巴托,1998.

12 乌兰杰.蒙古族音乐史［M］.呼和浩特:内蒙古人民出版社,1999.

13 盖山林.蒙古族文物与考古研究［M］.沈阳:辽宁民族出版社,1999.

14 项阳.中国弓弦乐器史［M］.北京:国际文化出版公司,1999.

15 ［丹麦］亨宁·哈士伦.蒙古的人和神［M］.徐孝祥,译.乌鲁木齐:新疆人民出版社, 1999.

16 乐声.中国少数民族乐器［M］.北京:民族出版社,1999.

17 ［法国］马克斯尔扎布(单泰陆).弦线征服——马头琴(蒙古文版)［M］.海拉尔:内 蒙古文化出版社,2000.

18 齐·宝力高.马头琴与我(蒙、汉、日文版)［M］.呼和浩特:内蒙古人民出版社,

2000.

19 陈岗龙.蒙古民间文学比较研究[M].北京:北京大学出版社,2001.

20 呼格吉勒图.艺术(上)·音乐(蒙古文版)[M].呼和浩特:内蒙古教育出版社,2003.

21 [蒙古国]ЭРДЭНЭЧИМЭГ.МОРИНХУУРЫН АРГА БИЛГИЙН АРВАНХОЁР ЭГШИГЛЭН [M].乌兰巴托:Содпресс,2003.

22 布仁白乙,乐声.蒙古族传统乐器[M].呼和浩特:内蒙古大学出版社,2007.

23 瑟·巴音吉日嘎拉.马头琴荟萃[M].呼和浩特:内蒙古人民出版社,2010.

24 [蒙古国]СҮрэнгийн Соронзонболд.Монгол хөгжим[M].乌兰巴托,2013.

25 [蒙古国]巴达玛哈屯等.蒙古部族学(蒙古文版)[M].敖特根,等转写.呼和浩特:内蒙古人民出版社,2013.

26 [日本]ミンガド·ボラグ.《スーホの白い馬》の真実 モンゴル·中国·日本それぞれの姿[M].東京:風響社,2016.

27 郭世荣,关晓武,任玉凤.内蒙古传统技艺研究与传承[M].合肥:安徽科学技术出版社,2017.

28 华觉明.与手艺同行——华觉明论传统工艺[M].郑州:大象出版社,2020.

二、学位论文

1 曹叶军.对马头琴的科技人类学考察[D].呼和浩特:内蒙古大学,2007.

2 浩斯巴雅尔.胡琴类乐器与马头琴[D].呼和浩特:内蒙古师范大学,2007.

3 张劲盛.变迁中的马头琴——内蒙古地区马头琴传承与变迁研究[D].呼和浩特:内蒙古师范大学,2009.

4 金海.论色拉西及其抄尔[D].呼和浩特:内蒙古师范大学,2009.

5 [蒙古国]Бадамдарийн МөнхтҮвшин.Морин хуур хөгжмийн хийц,бҮтцийн стандартыг боловсруулах зарим асуудал [D].乌兰巴托:СоЁл урлАгийн их СургууЬ,2009.

6 李国栋.20世纪的中国弦乐器改良研究[D].太原:山西大学,2010.

7 通拉嘎.蒙古族非物质文化遗产研究——马头琴及其文化变迁[D].北京:中央民族大学,2010.

8 乌力吉贺希格. 继承与传承——蒙古族当代著名抄尔、马头琴演奏家布林先生 [D].呼和浩特:内蒙古师范大学,2010.

9 李源.论齐·宝力高对马头琴的创新[D].北京:中央民族大学,2011.

10 梁静.蒙古族马头琴及其造型元素在现在设计中的运用研究[D].呼和浩特:内蒙古农业大学,2012.

11 林静.从 20 世纪 50 年代至今的乐器改革看中国民族器乐的"新传统"[D].乌鲁木齐:新疆师范大学,2012.

12 [日本]原田 亜美.馬頭琴伝承から「スーホの白い馬」へ——物語はどのように日本に伝わり、広がったか―[D].千葉:千葉大学,2013(平成二十五年).

13 陈晓芳.蒙古族传统弓弦乐器潮尔的初探[D].长春:东北师范大学,2013.

14 李旭东.马头琴制作工艺及对艺术表现之影响[D].呼和浩特:内蒙古大学,2014.

15 乌云毕力格.论马头琴艺术风格及其跨界研究——以内蒙古与蒙古国艺术风格之比较[D].呼和浩特:内蒙古师范大学,2016.

16 张凡.传统与现代的互文——文化变迁视野中的马头琴与马头琴音乐[D].呼和浩特:内蒙古大学,2017.

17 师毅聪.马头琴的造型装饰艺术特征研究及其在城市家具设计中的应用[D].呼和浩特:内蒙古农业大学,2017.

18 张瑞雪.内蒙古地区马头琴的造型艺术特征及数字化保护研究[D].呼和浩特:内蒙古农业大学,2019.

三、期刊中析出的文献

1 周润林.马头琴的改革[J].乐器,1976(3):6+2.

2 苏赫巴鲁.火不思——马头琴的始祖[J].乐器,1983(5):6-7.

3 苏赫巴鲁.火不思——马头琴的始祖(续)[J].乐器,1983(6):7-8.

4 边疆.蒙古族的马头琴[J].中国音乐,1984(1):75-76.

5 朱岱弘.我国弓弦乐器源流[J].中国音乐,1984(2):62-64.

6 杜映明.呼市召开木面中音马头琴鉴定会[J].乐器,1985(1):34.

7 乌兰杰.关于马头琴的历史(蒙古文版)[J].草原歌声,1985(2):37-40.

8 李映明.马头琴来历[J].乐器,1985(6):23-24.

9 白·达瓦.马头琴源流小考[J].内蒙古社会科学,1986(1):43-45.

10 [蒙古国]格·巴达拉夫.蒙古乐器史略[J].仁亲,转写.内蒙古民族师范学院学报

（哲学社会科学蒙古文版），1986（1）：154-163.

11 [蒙古国]格·巴达拉夫.蒙古乐器史略[J].仁亲,转写.内蒙古民族师范学院学报
（哲学社会科学蒙古文版），1986（2）：165-172.

12 莫尔吉夫.永不消失的胡尔声——纪念著名马头琴手桑都仍逝世20周年（蒙古
文版）[J].草原歌声,1987（3）：3-5.

13 博·达日玛班扎日.关于改革马头琴的方案（一）（蒙古文版）[[J].草原歌声,1987（6）：
32.

14 博·达日玛班扎日.关于改革马头琴的方案（续）（蒙古文版）[[J].草原歌声,1988（1）：
3-5.

15 [法国]Alwa Tizik.关于马头琴[J].内蒙古社会科学（哲学社会科学蒙古文版），
1988（6）：92-97.

16 色·青格乐.试论马头琴的起源和发展（蒙古文版）[J].戏剧,1989（1）：96-109.

17 达日玛,乌红星.马头琴的改革[J].乐器,1989（4）：18-20.

18 色·乌达木.蒙古族乐器史话（蒙古文版）[J].草原歌声,1989（2）：19-22.

19 莫尔吉胡.二十世纪马头琴（蒙古文版）[J].草原歌声,1989（4）：25-26.

20 项阳.胡琴类弓弦乐器说[J].音乐艺术,1992（1）：16-23.

21 李加宁.胡琴和奚琴的流变新解[J].乐器,1993（4）：1-5.

22 查甫尧.胡琴源流问题[J].艺苑,1995（3）：48-51.

23 包丽俊.古代蒙古族乐器考辨[J].内蒙古社会科学（文史哲版），1995（6）：84-87.

24 阿·斯仁那达米德.马头琴的足迹与形制特色[J].中国音乐,1996（1）：56-57.

25 [日本]藤井麻湖.隠されたセクシュアリテイ一馬頭琴をめぐる物語から[J].季
刊民族学,1998（7）：66-71.

26 柯沁夫.胡琴源流辨析[J].内蒙古大学学报（人文社会科学版），1999（6）：69-74.

27 柯沁夫.马头琴源流考[J].内蒙古大学学报（人文社会科学版），2001（1）：69-75.

28 李葆嘉,岳峰.奚琴、嵇琴、胡琴名实考论[J].中央音乐学院学报,2002（1）：56-62.

29 额尔敦.关于马头琴的制作（蒙古文版）[J].内蒙古艺术,2002（2）：67-69.

30 色·巴音吉日嘎拉.乐器制作师色登访谈录（蒙古文版）[J].内蒙古艺术,2003（2）：
96-103.

31 高·青格乐图,扎弥彦.黑利马头琴改革史况（蒙古文版）[J].草原歌声,2003（3）：15-16.

32 常清华.“科尔沁牌”圆箱马头琴[J].乐器,2003（4）：94-95.

33 [法国]S.玛格萨尔扎布.游牧民族乐器——马头琴(蒙古文版)[J].内蒙古社会科学,2004(2):92-95.

34 孟建军.情系马头琴——访著名制琴师段廷俊[J].乐器,2005(1):101-103.

35 柯沁夫.忽兀尔源流梳正[J].内蒙古大学艺术学院学报,2005(3):9-18.

36 孟建军.马头琴是我生命的一部分——张全胜和他的乐器[J].乐器,2005(9):73-75.

37 晓梦.马头琴的制作(一)[J].乐器,2005(11):15.

38 晓梦.马头琴的制作(二)[J].乐器,2005(12):22-23.

39 孟建军.从蒙餐厨师到马头琴制作师——访马头琴制作师高金柱[J].乐器,2006(2):24-26.

40 苏力.大提琴与蒙古族马头琴、四胡之比较研究[J].中国音乐学,2006(3):58-61.

41 李洪军.马头琴之子——达日玛[J].实践,2007(2):43-45.

42 博特乐图.分"形"归"类",保护民族器乐遗产——再谈抄儿、马头琴、抄儿类乐器及其保护问题[J].内蒙古大学艺术学院学报,2007(3):11-14.

43 郝笑男.争鸣 证明 正名——抄儿与马头琴关系辨析[J].内蒙古大学艺术学院学报,2007(3):15-22.

44 孟凡玉.大草原的底色——齐·宝力高和他的马头琴艺术[J].人民音乐,2007(4):46-49.

45 春英,邵环,阿勇嘎.现代木质马头琴的发展和生产技术[J].内蒙古农业大学学报(自然科学版),2008(1):237-242.

46 晓梦,乐声.一生情系马头琴——访马头琴研制大师张纯华[J].乐器,2008(2):27-29.

47 韩宝强.中国改良民族乐器——拉弦乐器[J].演艺设备与科技,2008(6):51-57.

48 布和,孟建军.马头琴的制作(一)[J].乐器,2008(12):28-29.

49 布和,孟建军.马头琴的制作(二)[J].乐器,2009(1):28-29.

50 布和,孟建军.马头琴的制作(三)[J].乐器,2009(2):20-21.

51 孟建军.骏马驰骋在草原——访马头琴制作师布和[J].乐器,2009(2):22-25.

52 布和,孟建军.马头琴的制作(四)[J].乐器,2009(3):24-25.

53 布和,孟建军.马头琴的制作(五)[J].乐器,2009(4):24-25.

54 通拉嘎.繁荣与隐忧——谈马头琴作为非物质文化遗产的保护与传承[J].内蒙

古大学艺术学院学报,2009(4):5-9.

55 才代.马头琴的结构、演奏技巧及音乐风格[J].艺海,2009(5):128.

56 布和,孟建军.马头琴的制作(六)[J].乐器,2009(5):22-24.

57 布和,孟建军.马头琴的制作(七)[J].乐器,2009(6):24-25.

58 布和,孟建军.马头琴的制作(八)[J].乐器,2009(7):22-23.

59 布和,孟建军.马头琴的制作(九)[J].乐器,2009(8):21.

60 特古斯巴雅尔.悠扬源自《天马引》——马头琴传说的滥觞[J].内蒙古大学学报(哲学社会科学蒙古文版),2010(1):60-70.

61 张劲盛.天韵琴音——记马头琴制作师史文国[J].内蒙古艺术,2010(1):65-66.

62 佟繁荣,乌力吉巴雅尔.蒙古族著名乐器制作人包雪峰(蒙古文版)[J].内蒙古艺术,2010(2):33-35+8.

63 特古斯巴雅尔.恋愁剪痕"黑骏谣"——马头琴传说研究之二[J].内蒙古大学学报(哲学社会科学蒙古文版),2010(3):1-12.

64 康丽娟.刍议马头琴的设计形态语义[J].艺术与设计(理论),2010(7):283-285.

65 布和.关于仿乌木马头琴配件的应用[J].乐器,2010(11):18.

66 阿毕雅斯.关于马头琴的今天和未来(蒙古文版)[J].内蒙古艺术,2011(1):115-117.

67 布林巴雅尔.概述马头琴的渊源及其三种定弦五种演奏法体系[J].内蒙古艺术,2011(2):123-128.

68 胥必海,孙晓丽.马头琴源流梳证[J].四川文理学院学报,2011(3).120-123.

69 勒·照日格图巴特尔,嘎·查达日巴拉.神奇的飞骏马(蒙古文版)[J].内蒙古艺术,2012(1):18-23.

70 孙布尔.关于唐、宋代历史文献里的马头琴(蒙古文版)[J].内蒙古艺术,2012(1):24-29.

71 梁静,高晓霞.马头琴工艺大师段廷俊的马头琴制作工艺研究[J].内蒙古农业大学学报,2012(3):202-204.

72 赵刚.浅谈河北北部地区马头琴的保护与发展[J].大众文艺,2012(10):176.

73 丰元凯.回顾民族乐器的改革与改良(上)[J].乐器,2012(12):18-21.

74 丰元凯.回顾民族乐器的改革与改良(下)[J].乐器,2013(1):26-28.

75 孟建军.呼格吉勒图和他的马头琴[J].乐器,2013(10):49-51.

76 额尔敦布和.潮尔和马头琴的起源发展及特点之比较研究(蒙古文版)[[J].中国蒙古学,2014(2):65-71.

77 乌力吉巴雅尔.著名马头琴艺人达日玛(蒙古文版)[J].草原歌声,2014(2):9-16.

78 张劲盛.中蒙两国马头琴音乐文化交流史与现状调查分析[J].音乐传播,2014(3):103-111.

79 乌力吉巴雅尔.著名马头琴艺人达日玛(续)(蒙古文版)[J].草原歌声,2014(3):18-21.

80 张欢,周菁葆.丝绸之路音乐中的弓弦乐器[J].中国音乐,2015(2):90-99,111.

81 李旭东,乌日嘎,黄隽瑾.马头琴制作工艺的田野调查——以布和的马头琴制作工艺为例[J].内蒙古大学艺术学院学报,2015(3):44-52.

82 王红艳.非物质文化遗产——马头琴及其文化变迁研究[J].边疆经济与文化,2015(8):54-55.

83 李樱桃.传承发展马头琴是不变的追求——访马头琴制作名家布和[J].乐器,2015(9):20-22.

84 铁梅.中国民族低音拉弦乐器的改革与研发(上)[J].乐器,2015(10):24-27.

85 铁梅.中国民族低音拉弦乐器的改革与研发(下)[J].乐器,2015(11):25-27.

86 乌云毕力格.内蒙古与外蒙古马头琴艺术之比较[J].音乐时空,2015(19):101-102.

87 何苗.马头琴结构及制作艺术的发展[J].黑龙江民族丛刊,2016(4):149-153.

88 刘婷婷.试析马头琴传承中的喜与忧(上)[J].内蒙古大学艺术学院学报,2016(4):62-70.

89 刘婷婷.试析马头琴传承中的喜和忧(下)[J].内蒙古大学艺术学院学报,2017(1):70-73.

90 王加勋.辽代马头琴的发现证明了沈括的"马尾胡琴"说是可信的[J].音乐生活,2017(5):27-29.

91 王加勋.辽代马头琴的发现证明了欧阳修的"奚人"说是可信的[J].乐器,2018(2):34-35.

92 胡亮,石春轩子,樊凤龙.继承与创新——马头琴与四胡乐器制作工艺创新研究[J].齐鲁艺苑,2018(3):27-33.

93 甘在斌.十年刻得一把马头琴[J].光彩,2018(3):66-67.

94 刘婷坤,胡阿菁,仪德刚.传统马头琴配制电子拾音器技艺调查[J].广西民族大学学报(自然科学版),2019(2):57-63.

95 包腾和,侯燕.同源分流:现代马头琴与潮尔琴关系再探讨[J].内蒙古艺术学院学报,2019(2):111-118.

96 白艳,郭永华,邓魏,等.马头琴从传统到现代的工艺演变[J].民族音乐,2019(4):26-29.

97 其乐木格.VR技术对马头琴文化的保护与传承研究[J].赤峰学院学报(汉文哲学社会科学版),2019(7):16-18.

98 男丁娜,包雪峰.关于马头琴及蒙古族外弓弓弦乐器[J].市场观察,2019(10):22-25.

99 刘婷坤,胡阿菁,仪德刚.工匠与琴师的互动:马头琴制作工艺的流变[J].中国科技史杂志,2020(1):89-98.

备注:蒙古文参考文献中的大部分人名和文章标题等均为本书作者翻译,可能有不准确之处。

后　记

　　本书是在我二站博士后出站报告《马头琴制作技艺及其相关文化问题研究》(中国科学院自然科学史研究所博士后出站报告,2018年)的基础上进一步修改完成的。

　　科技史学科对我来说是一个新的领域,用短暂的两年时间在不是很熟悉的领域完成一篇博士后出站报告,对我来说本身就是个很大的挑战。加上对于我这种一直用蒙古语学习、工作的人来说,用汉文完成十几万字的报告也具有一定难度。所幸的是,我的合作导师——中国科学院自然科学史研究所副所长关晓武研究员从选题、开题开始对我进行悉心指导,并以组织"组会"等方式对我的学习、工作每周进行一次检查和指导,在文献资料的搜集、整理和田野调查、具体写作等方面提了很多具体的意见和建议。在报告的后期修改中也给了我很大的帮助,逐字逐句地为我修改。我出站报告的成文以及公开出版发行离不开关晓武老师的指导与帮助。关老师的认真、细腻的做事风格,严谨的学术态度给我的影响深远。相信他这种作风在我以后的学术道路上会继续影响我、指引我。

　　在站期间,中国科学院自然科学史研究所所长张柏春老师一直关心我的学业和生活,并给了我很多的帮助和鼓励,我不胜感激,会铭记在心。

　　感谢答辩委员会的清华大学科学技术史暨古文献研究所所长冯立昇教授、中国科学院自然科学史研究所所长张柏春研究员、中国科学院自然科学史研究所罗桂环研究员、中国科学院自然科学史研究所邹大海研究员、中国科学院自然科学史研究所孙烈研究员等各位专家老师对我出站报告提出的宝贵的修改意见和建议。

　　在完成本项工作的过程中,我先后做了3次田野调查工作,采访了国内外19位马头琴制作人和著名马头琴演奏家齐·宝力高、达日玛和蒙古族长调民歌国家级代表性传承人巴达玛淖尔吉玛等老一辈的艺术家。在此,感谢这 19 位制琴人和 4 位老艺术家在百忙之中接受我的采访调查，并给我提供很多相关信息和资料。也感谢接受我采访的蒙古国古乐器研究者岗普日布先生和蒙古国马头琴乐团负责人之一傲根图雅女士。

在 3 次田野调查工作中，我还得到了内蒙古自治区锡林郭勒盟西乌珠穆沁旗文体局原局长峰·斯琴巴特尔、吉林省前郭尔罗斯蒙古族自治县成吉思汗文化园管理中心主任(松原市蒙古族文化遗产保护协会会长)亿力齐、蒙古国文化艺术大学额尔敦其美格教授及其外甥道力格彦等很多人的帮助和支持。此外，中央民族大学萨仁格日勒教授在日本工作期间曾帮我找了相关日文文献资料，在修改报告时内蒙古大学桂芳博士帮我标注了不少国际音标……，在此一并表示感谢！

最后，借此机会感谢我的家人。感谢父母的养育之恩，虽然身在远方，你们却一直在关心和支持我，使我安心学习和工作。也感谢我的姐姐、姐夫与弟弟、弟妹这些年的帮助和分担。没有你们的关爱和帮助，也不会有我的今天，这些我将永远铭记在心头。

赛吉拉胡

2020 年 7 月 18 日

于呼和浩特